Jochen Kalka

Die Startup-Lüge

W0375608

DIE STARTUP-LÜGE

JOCHEN KALKA

Wie die Existenzgründungs-
euphorie missbraucht wird –
und wer davon profitiert

Econ

MIX
Papier aus verantwortungsvollen Quellen
FSC® C083411

Econ ist ein Verlag
der Ullstein Buchverlage GmbH

ISBN: 978-3-430-21002-7

© der deutschsprachigen Ausgabe
Ullstein Buchverlage GmbH, Berlin 2019
Redaktion: Michael Schickerling, schickerling.cc, München
Alle Rechte vorbehalten
Gesetzt aus der Aldus nova Pro
Satz: LVD GmbH, Berlin
Druck und Bindearbeiten: CPI books GmbH, Leck
Printed in Germany

Inhalt

»If you think technology can solve all your problems,
then you don't understand the problems
and you don't understand the technology.«

(Frei nach Bruce Schneier, Vorwort aus *Secrets And Lies*, 2000)

Startknopf oder: Mein Knopf-Startup

Als Sie den Titel *Die Startup-Lüge* gelesen haben, hatten Sie sicher einen alten Nörgler vor Augen. Einen, der all diese neuen digitalen Dinge ablehnt und alles so lassen will, wie es ist oder wie es im Damals war. Tja, Irrtum.

Mein Problem ist, dass ich das Digitale als völlig normal ansehe – gleichberechtigt neben allen anderen Dingen des Lebens. Dass ich kein durchgeknallter Digitalfaschist bin, der wie irre durch seine gepixelten Pupillen nur noch im Digitalen die Zukunft sieht. Meine Einstellung zu innovativ jonglierten Nullen und Einsen: Ruhe bewahren!

Denn wer cool sein will, so wie ein Startup, wer plötzlich auf Sneakers als Dienstkleidung schwört und Kreativzimmer einrichtet, ist meist alles andere als: cool. Mit Startup-Indikatoren, die in etablierte Unternehmen eindringen, beginnt zumeist eine große Lüge nach der anderen.

Wobei Startup nicht immer digital bedeuten muss. Ich selbst habe mal ein Startup gegründet. Klar, wer nicht? Ich also auch. Eines, das mit der Neuinterpretation eines Knopfs zu tun hat – dazu gleich mehr. Da ein Knopf per se in der breiten Öffentlichkeit als eine Art Antidigital angesehen wird, sehe ich mich zunächst gezwungen, meine völlig private Digitalaffinität zu zelebrieren.

Bei zwanzig habe ich aufgehört zu zählen. Weit mehr als zwanzig Screens finden sich in meinem 4-Personen-Haushalt, davon darf ich ziemlich genau die Hälfte als meine eigenen Devices bezeichnen, Smartphones, E-Book-Reader, Tablets, Netbooks und Laptops. Die Navis, Smartwatches und sechs Fernsehbildschirme noch gar nicht mitgerechnet. Die digitale Welt hat mich erobert, fasziniert mich, ist Teil meines Alltags. Auf all die smarten Möglichkeiten möchte ich nur ungern verzichten, erleichtern sie doch ungemein das Leben, gerade auch das Berufsleben.

Doch längst ist aus der digitalen Euphorie, die auch mich über lange Jahre beschlagnahmt hatte, eine gewisse Ernüchterung geworden, fast so etwas wie eine Vernunft eingekehrt. Die Zahl der Apps ist auf das Maß der relevanten Helfer reduziert worden, aus der Nutzung von Social Media, was mich immer mehr langweilte, sind wieder echte Treffen mit echten Freunden geworden. In Echtzeit, Realtime-Meetings quasi.

Sehr vieles ist einfacher geworden, die Mobilität etwa, sei es über Carsharing, verkehrsmittelübergreifende Apps oder auch Mytaxi und Uber. Gerne übernachte ich in Unterkünften, die von Airbnb oder Wimdu angeboten werden, im Büro unterstützen mich Xing und LinkedIn, aber auch Slack. Für Recherchen bin ich Facebook, Twitter und Instagram dankbar, Pinterest und Whatsapp.

Ich bin Journalist und schreibe über Medien und Marketing, über Unternehmen und Agenturen. Natürlich stehen dabei Themen, die mit der digitalen Transformation zu tun haben, ganz oben. Jede neue digitale Sau, die durch das Dorf getrieben wird, macht meine Redaktion und mich neugierig, oft gar richtig heiß und bringt uns in Form einer Titelstory oder Serie etliche Abonnenten. Weil wir alle wissen wollen, wie das Morgen aussieht. Weil wir eine gern verunsicherte Spezies sind. Weil wir den Anschluss nicht verlieren wollen und uns auf dem Stand halten wollen, über Algorithmen, Programmatic, Blockchain, künstliche Intelligenz, über die neuesten Social-Media-Entwicklungen, Studien, Trends, Tools.

Dennoch ist dieses Buch kein Exzerpt meiner beruflichen Erfahrungen. Es ist eine rein private Sicht von ganz persönlichen

Momentaufnahmen. Dabei kommen mir meine Erfahrungen des eigenen Startups ebenso zugute wie der kontinuierliche Austausch mit Gründern, Investoren, Inkubatoren, aber auch die aktive Mitarbeit bei Startup-Pitches und die Juryarbeit bei diversen Startup-Wettbewerben. Zudem bieten mir Besuche im Urknallgebiet aller Startups, im Silicon Valley, Einblicke in eine frauenfeindliche, brutale Kultur, die oft an die Anfänge der Industrialisierung erinnern.

Natürlich werden viele durchaus positive Entwicklungen von Startups angeschoben. Von Gründern, die Mut beweisen. Von meist jungen Menschen, die kreativ sind und Ideen haben. Deren Ideen die Welt verändern können, ja, im Idealfall sogar verbessern. Wenn es Google gelingt, binnen weniger Jahre Übersetzungen in und von jeder Sprache dieser Welt in Echtzeit zu bewältigen, beim Telefonieren, Schreiben, Sprechen, dann wäre das eine Grenzsprengung für die ganze Welt. Denn diesen Traum der Echtzeitübersetzungen kündigt Google für das Jahr 2027 an. Wenn man im Jahr 2019 die Übersetzungshilfen von Google schriftlich nutzen will, fühlt man sich oft noch ins Mittelalter zurückversetzt. Es hat einen eigenen Charme, wenn »onion rings« etwa mit »Zwiebel ruft an« übersetzt wird, wie es der Schriftsteller Frank Schätzing in einem Interview mit der Fachzeitschrift *Werben &Verkaufen* sagte. Aber die Spracherkennung entwickelt sich definitiv äußerst rasant.

Startups sind der Motor der Wirtschaft, die Treibkraft der gesamten Gesellschaft. Sie sind das Morgen, sie sind Lösung, sie sind Zukunft. Ganz gleich, ob in der Kommunikation, in der Mobilität oder auch im Gesundheitswesen. Gerade auch hier wird es durch Startups zu gigantischen Errungenschaften kommen. Weil Startups keine starren Gebilde sind, Hierarchien nicht kennen, weil es bei Startups mehr um die Inhalte als um die Politik geht. Weil sich in Startups brennende Herzen treffen, die ihre Leidenschaften umsetzen, weil sie ihren Ideen Taten folgen lassen wollen. Das ist gut, alles sehr gut, mehr als sehr gut sogar.

Ich selbst habe, wie gesagt, ein Startup gegründet. Nur wusste ich nicht, dass es ein Startup ist. Es war eine Idee, die wir verfolgten. Es war die Erfindung eines Knopfs. Eines Knopfs, den man auf andere Knöpfe, etwa an Hemden oder Blusen, aufschieben kann. Für diese Idee fanden wir keinen Investor, weil wir uns nicht Startup nannten. Wir, das waren Ralf Pioch mit seiner Agentur Adwings in Berlin und ich.

Wir fanden für diese Idee keinen Investor, weil unsere Idee nichts mit dem Digitalgeschäft zu tun gehabt hatte. Jeder potenzielle Geldgeber fand die Idee klasse, jeder hatte eigene Vorstellungen davon, wie man diese Knöpfe nutzen könne. Natürlich eignen sie sich als Schmuckstück. Wer hat schon Hemden mit Manschettenknöpfen? Knöpfe auf Knöpfe schieben schien hier die Lösung für die Welt zu sein. Sie würden sich als Fanartikel eignen. Man stelle sich vor, alle Bayern-München-Fans könnten das Logo ihres Vereins am ganz normalen Alltagshemd tragen, am Ärmel oder an der Knopfleiste. Musikfans könnten ihre Lieblingsbands zur Schau tragen. Besser noch: Versicherungskonzerne könnten ihre Zehntausende von Mitarbeitern mit Firmenlogo ausstatten. Automobilhersteller könnten ihre Käufer mit zwei Manschetten und Markenlogo überraschen. Im US-Wahlkampf müssten 270 Millionen Menschen Elefant oder Esel auf Knöpfen ordern.

Mal im Ernst: Soll das unsere Zielgruppenanalyse gewesen sein? Haben wir je eruiert, ob es für unsere Knöpfe überhaupt einen Markt gibt? Und doch leuchteten die Augen potenzieller Investoren. Nur saß das Geld alles andere als locker.

Jeden einzelnen Schritt machten wir selbst und auf eigene Kosten. In der Werkstatt eines Neuköllner Juweliers bastelten wir den Prototypen, das heißt vor allem Ralf Pioch. Nach mehreren Anläufen erhielten wir darauf sogar ein Patent. Und ständig kamen Rechnungen, mal nur 100 Euro, mal 2500 Euro – ohne Aussicht auf Einnahmen.

Im Ruhrgebiet ließen wir dann das sogenannte Werkzeug erstellen, das weitere Knöpfe verarbeiten kann. Das war die nächste

Rechnung. Jetzt konnten wir aber mehrere Prototypen herstellen lassen, gegen eine weitere Rechnung. In China starteten wir die Produktion. In China, wir, zwei Buben im Irgendwo. Doch auch China beginnt mit der Arbeit erst, wenn Geld fließt. Da stellte sich die Frage: Wie viele Knöpfe lassen wir herstellen? Je mehr, desto billiger war die Produktion eines Stücks.

Nun merkten wir, wie teuer unser Knopf werden würde, selbst wenn er in China produziert wurde. Wir erstellten Preislisten. Bei Abnahme eines einzelnen Knopfs hätte man 100 Euro Eigenkosten gehabt. Ab 100 Stück sank der Preis unter 20 Euro. Immer noch der Wahnsinn. Also orderten wir eine vierstellige Anzahl von Knöpfen, um den Preis auf deutlich unter 10 Euro zu drücken. Was folgte, war die bislang größte Rechnung.

Unsere Idee war eigentlich, dass sich jeder auf einer Homepage individuell Knöpfe gestalten und bestellen kann. Dass wir vielleicht Smileys oder andere Klassiker vorgeben. Und, noch besser, dass man den aufschiebbaren Knopf für Werbung nutzen sollte, für Logos, als Manschettenknopf oder am Kragen.

Wir boten das Projekt damals meinem Arbeitgeber an. Abgelehnt. Dann der Firma Kandinsky. Sie erkannte die Idee und sagte Ja. Seither vertreibt Kandinsky den patentierten Knopf exklusiv als Werbeartikel, als sogenannte »Cover-Pins« auf promo-pins.de.

Millionen haben wir mit unserem Startup nicht verdient. Im Gegenteil: Wir haben in den ersten fünf Jahren, bis dieses Buch in Druck ging, mit all den Investitionen ein Minus erzielt. Jahr für Jahr sind die Gebühren für das Patent teurer als die prozentualen Einnahmen, die wir vom Verkauf erhalten. Doch wir lieben unseren Knopf, und wir haben daraus gelernt: wie unternehmerisch gedacht wird. Wie eine eigene Idee, an die man glaubt, von anderen abgelehnt wird. Oder nicht verstanden wird. Oder eben anders aufgenommen wird.

Immerhin: Es war kein Scheitern. Das Produkt gibt es noch. Und irgendwann wird es fliegen. Ja, so geht Startup. Unternehmertum zum Träumen.

Erste Lüge:

Startups sind ein bedeutender Wirtschaftsfaktor

Was ist ein Startup?

Klar doch, Startups sind Triebfedern der Wirtschaft, so heißt es stets. Immerhin soll, je nach Quelle, rund eine Milliarde Euro pro Jahr in Startups gepumpt werden. Dass im Silicon Valley dreißig Mal so viel Geld auf wenigen Quadratkilometern verbrannt – ähm, investiert wird, sei nur nebenbei erwähnt.

Alle Welt redet von Startup, alle Wirtschaftswelt will so sein wie ein Startup. Was aber ist das eigentlich?

Man nehme eine Idee, setze sich in eine Garage, sammle eine Handvoll Dollar – und fertig ist das Startup. So in etwa könnte die Do-it-yourself-Kurzanleitung lauten.

Die grundsätzliche Idee hinter einem Startup ist so schlecht nicht: Denn es geht um die Gründung eines Unternehmens, das mit einer innovativen Idee ein skalierbares Geschäftsmodell etablieren kann. Der Begriff, logisch, kommt aus dem Englischen, »to start up«, also etwas in Gang setzen, gründen.

Ein Startup zeichnet aus, dass es im Idealfall einen komplett neuen Markt erfindet, dass es dort flache Hierarchien gibt, schnell gehandelt wird und stets frisches Geld von Gläubigern kommt. Für Financiers ist ein Startup eine Art Spielchip im Roulette innovativer Ideen von jungen Teams.

So hoffen alle auf das große Geld. Darauf, dass sie bald zu den Einhörnern zählen, den Unicorns, wie Startups mit einer Marktbewertung von über einer Milliarde US-Dollar heißen, seit dem zweiten Jahrzehnt dieses Jahrhunderts. Weltweit gibt es laut *Wirtschaftswoche* (Juli 2018) 249 Einhorn-Startups. Dazu zählen Urgesteine der Startup-Szene, also Google, Facebook, Airbnb, Salesforce und Uber, aber auch Amazon und Tesla. Fast die Hälfte aller Unicorns, 116, stammt aus den USA.

Startups ändern die Gesellschaft. Haben sie schon verändert und werden sie weiterhin umkrempeln. Von digitaler Transformation ist die Rede, von Disruption. Doch nicht alles, was Startup ist, ist Transformation, nicht alles, was gut ist, ist Disruption. Eine disruptive Denkweise ist wünschenswert, ja, in jedem Unternehmen bei jedem Prozess: Alles mal hinterfragen, mit ganz anderen Augen sehen, also offen sein für komplett andere Sichtweisen. Um möglicherweise zu komplett anderen Geschäftsideen zu kommen.

Disruption allerdings geschieht bei den wenigsten Unternehmen von innen heraus. Meist sind es komplett andere Menschen oder, ja, Startups, die jahrhundertealte Ordnungen zerstören, um eine neue, oft positive Veränderung herbeizuführen. Tesla disruptiert steinzeitalte Motorentechnik. Airbnb disruptiert das völlig veraltete Hotelwesen. Uber das Taxigeschäft. Und so ist es die Angst etablierter Unternehmen in etablierten Branchen, die die Disruption der eigenen Geschäftsidee fordert. Alles muss anders werden, alles, was seit Hunderten von Jahren gemacht wird, muss nun neu gedacht werden. Oft ist das höchste Zeit, und oft ist das eine Falle – zu oft.

Nochmals zurück zur Definition von Startups: Wie grenzt man sie von gewöhnlichen Unternehmensgründungen ab? Allgemein gilt (etwa nach der Definition im *Startup Monitor* 2018):

- Startups sind jünger als zehn Jahre.
- Startups sind mit ihrer Technologie und/oder ihrem Geschäftsmodell hoch innovativ.
- Startups weisen ein signifikantes Mitarbeiter- und/oder Umsatzwachstum auf oder streben es an.

Es ist eine Zeit der Veränderungen, über die man überall liest, von der man allerorts hört. Diesen Veränderungen können viele Menschen nicht mehr folgen. Insbesondere viele Manager kommen dabei außer Atem, ohne je gespurtet zu sein. Aber sie wollen dabei sein, leben mit dem latenten Gefühl, etwas zu versäumen, und mit der Angst, die Welt nicht mehr zu verstehen. Außerdem ist einer der wichtigsten Jobs von Managern: Storytelling. Ja, sie sind Geschichtenerzähler:

- Gegenüber ihren Mitarbeitern müssen sie Perspektiven aufzeigen, so tun, als hätten sie alles im Griff.
- Gegenüber ihrer potenziellen Kundschaft müssen sie den Eindruck erwecken, modernste Waren zu produzieren, die mit aller Zukunft kompatibel sind.
- Gegenüber ihren eigenen Vorgesetzten, ihren Aufsichtsräten oder ihren Aktionären müssen sie die größten Lügengeschichten auftischen. Denn hier muss die Zukunft hinter dem Morgen skizziert werden. Hier muss so getan werden, als sei man allen Wettbewerbern Schritte, Meilen, Universen voraus.

All diese Erfüllung von Fantasien erhofft man sich in Startups. Doch gerade an den Fantasien mangelt es zuweilen. Verleger Hubert Burda sagte mal zu Beginn des Internetzeitalters Ende der 1990er-Jahre, dass einst ein Jules Verne oder ein George Orwell die Fantasie gehabt hätten, doch es fehlte an Technik. Heute habe man die Technik, doch es fehle an Fantasie.

Ganz so schlimm ist es heute nicht mehr mit der Fantasielosigkeit, jedenfalls nicht bei Startups. Doch gerade weil Startups so viel Power haben, weil sie in kürzester Zeit so viel bewegen können, weil sie wenige Monate nach ihrer Gründung gut und gerne schon Millionen scheffeln oder an einen der Giganten aus dem Silicon Valley verkauft werden, lösen sie natürlich bei vielen Menschen, vor allem Unternehmen, Neid aus. Neid und Missgunst.

Wie bei kleinen Kindern, die andere Kinder mit einem Eis in der Hand sehen, heißt es dann oft genug in Managementebenen übertragen: »Ich will auch ein Eis haben!« Und genau hier beginnt der Fehler im System.

Denn die sehr gute und äußerst wichtige Startup-Kultur hat gefährliche Me-too-Effekte zur Folge. Weil plötzlich jeder glaubt, Startup sein zu müssen. Das ist wirklich gruselig: Hochkarätige Manager von Daimler und Co. laufen zu Jahreshauptversammlungen in Sneakers herum oder turnen in Kapuzenpullis über Vorstandsbühnen. Gut scheint nur noch, was nach Startup aussieht. Räume werden neu gestaltet, Traditionen über den Jordan gekippt, Namen geändert. Entscheidungen werden nicht mehr unbedingt nach bestmöglichem Gewissen getroffen, sondern nach dem Coolnessfaktor, nach dem Image.

Hierbei ist das scheinbare Vorleben einer Startup-Mentalität oftmals eine große Lüge. Eben die Startup-Lüge. Es ist das Leben von Lügen.

Wissen die Startup-Fans, dass über 90 Prozent aller Startups scheitern? Dass 80 Prozent die ersten drei Jahre nicht überleben? Dass Startups im Schnitt 2,7 Jahre alt werden? Dass 99 Prozent der Startups es erst gar nicht schaffen, ein Startup zu werden, und vorher scheitern? Dass Mitarbeiter in Startups meist ausgebeutet werden? Dass Startups überdurchschnittlich frauenfeindlich sind, hinsichtlich der Karrierechancen ebenso wie in der Me-too-Debatte? Dass das Silicon Valley eine Metapher für brutalsten Kapitalismus ist?

Ja, Startups sind ein großer Wirtschaftsfaktor. Das beginnt bei der Finanzierung von Startups. Gründer greifen anfangs in die eigene Tasche, um einen ersten Schritt zu gehen. Dann werden, so die Regel, Familienmitglieder und Bekannte um finanzielle Unterstützung gebeten. Die Finanzierung liegt damit durchschnittlich im fünfstelligen Euro-Bereich. Darauf folgen formale Finanzierungsphasen, die Seed-Runde, bei der private Geldgeber investieren – in der Regel Business-Angels, die für ihre Investition einen Anteil am Unternehmen erhalten, 700 000 Euro werden als Durchschnittssumme genannt. Mit diesem Geld werden Prototypen erstellt oder Marktanalysen. Für die folgenden benötigten Beträge, sieben- oder achtstellige Summen, braucht es Venture-Capitalists. Den großen Reibach machen alle Geldgeber erst nach Jahren durch den Exit, wenn das funktionierende Unternehmen an die Börse geht oder hochpreisig verkauft wird. So der Idealfall.

Das Risiko, dass Startups scheitern, ist rund zehnmal höher, als dass sie für Reichtum sorgen. Investoren verteilen ihre Spielchips entsprechend breit, um in ihrem Portfolio die Verluste von 90 Prozent Fehlinvestitionen aufzufangen. Diese Wahrheit bleibt in allen Ebenen der Kommunikation dabei gerne auf der Strecke. Denn die Wahrheit könnte Millionen verschlingen.

So entstand aus der einst so gut gemeinten Startup-Kultur das große Wettlügen. Die erste Lüge mag sein, dass das Silicon Valley gar kein Tal ist. Darauf gehen wir später ein, bei der Reise in jenes Tal, das es gar nicht gibt.

Religion, Sekte, Startup

Gehen wir erst noch einen Schritt zurück – oder vor. Bei Startups weiß man das nie so genau. Wollen wir einmal den Versuch unternehmen, nachzufühlen, wie sich dieses Startup-Denken in unserem Kopf eingenistet hat. Wie es zur Religion mittelständischer Krautköpfe vergöttlicht werden konnte. Wie es zum Kult eines gedankenlosen Unternehmertums werden konnte, wie die Gebäude von Facebook, Apple und Co. gleich Kathedralen angehimmelt werden, wie Personen wie Steve Jobs oder Mark Elliot Zuckerberg einem Messias gleich glorifiziert werden.

All das hat eine Ursache. Gut, es muss wohl sein, beginnen wir biblisch, mit dem zweiten Buch Mose, Vers 33:

»... und ich will vor dir her senden einen Engel und ausstoßen die Kanaaniter, Amoriter, Hethiter, Pheresiter, Heviter und Jebusiter, dich zu bringen in das Land, darin Milch und Honig fließt. Ich will nicht mit dir hinaufziehen, denn du bist ein halsstarriges Volk; ich möchte dich unterwegs vertilgen. Da das Volk diese böse Rede hörte, trugen sie Leid, und niemand trug seinen Schmuck an sich ...«

Wohin soll uns dieses biblische Zitat führen? Richtig, direkt rein ins Schlaraffenland. Ins »gelobte Land«, in dem bekanntermaßen »Milch und Honig fließen«. In den Paradiesgarten, in dem sich von der Hand in den Mund leben lässt, ohne groß was dafür tun zu müssen.

Kurz: Wir reden vom Silicon Valley. Oder vielmehr von dem, was das Image des Silicon Valley ausmacht. Der Glaube des 21. Jahrhunderts hat seine Wiege längst nicht mehr in Bethlehem, sondern in Mountain View. Nicht die Bibel ist es, die alle Antworten des Lebens in sich trägt, sondern Google. So unser aller Glaube. Das Reich Googles komme und verbreite sich über alle Welt.

Die Googelianer und Facebookgemarkten predigen Völlerei, Maßlosigkeit und Trägheit. Was für Verlockungen für all unser Tun, nicht nur im Privaten, sondern auch im Beruflichen. Denn, wie der Evangelist Matthäus schon beschrieb, so glauben wir ganz fest daran, dass Google allmächtig uns positiv lenkt:

»Seht die Vögel unter dem Himmel an: Sie säen nicht, sie ernten nicht, sie sammeln nicht in die Scheunen; und Euer himmlischer Vater ernährt sie doch.«

Heißt: Kanaan, das gelobte Land, das Abraham und seinen Nachkommen versprochen wurde, soll sich ausweiten. Weit über das Silicon Valley hinaus, in alle Unternehmen dieser Welt, weil, nun ja, ganz ehrlich, weil die Startup-Mentalität cool ist. Google ist doch viel cooler als Daimler. Apple ist viel cooler als die Deutsche Telekom, und Facebook ist cooler als Ritter-Sport-Schokolade. Wer tickt da eigentlich nicht richtig?

Klar werden Google, Facebook und Co. heute kaum mehr als Startup angesehen. Doch sind sie meist das Vorbild aller Gründer. Die meisten von ihnen stellen sich vor, Mark Zuckerberg zu sein und mit 25 Jahren Milliardengewinne durch einen Börsengang einzuheimsen. Ja, das Paradies auf Erden scheint zum Greifen nahe.

Für das, was gerade aus dem Silicon Valley über die Menschheit gekippt wird, Milch und Honig, gibt es eine wunderbare Metapher. Und die hat, Zufall, damit zu tun, dass Honig geflossen ist.

Es war der 15. Januar 1919, also fast exakt vor 100 Jahren. Boston war zu jener Zeit bekannt als das Zentrum der Schnapsbrennerei. Boston liegt fast auf einer Art Halbinsel im nordamerikanischen Norden. Rundum gab es also Hafenanlagen, und dort standen überall gigantische Tanks. Diese waren gefüllt mit Melasse, einem dunkelbraunen Zuckersirup als wichtigster Grundlage zur Herstellung von Rum. Der Name kommt, man staune, aus dem Lateinischen »mel«, was Honig heißt. Melasse machte Boston reich; es war hier das Gold des frühen 20. Jahrhunderts.

So standen also rund um die ganze Innenstadt diese riesigen Tanks. Einer davon ragte im Stadtteil North End heraus und gehörte der staatlichen United States Industrial Alcohol Company. Das Ding war gigantisch: 27 Meter Durchmesser und 15 Meter hoch. Fast neun Millionen Liter fasste der Tank. Doch der hatte Lecks. Statt diese zu reparieren, strich man den Tank in melassefarbenem Braun – eine Idee des Mitarbeiters, der für die Überwachung verantwortlich war.

Der Tank war nach einer Lieferung aus Puerto Rico komplett gefüllt, als die Lufttemperatur am 15. Januar 1919 von minus 14 auf plus 5 Grad stieg. Was dann geschah: Es war exakt 12.30 Uhr, als der Tank explodierte. Ein bis zu neun Meter hoher Sirup-Tsunami flutete die Bostoner Innenstadt. Die eigentlich zähe Masse ergoss sich mit 50 Stundenkilometern in kürzester Zeit durch das Zentrum, riss 21 Menschen in den Tod und verletzte 150 weitere. Deren Rettung gestaltete sich äußerst schwierig, denn Fußgänger, Kutscher und Autofahrer klebten fest. Sie konnten nicht fliehen, sie konnten anderen nicht helfen. Alles klebte fest, nichts ging mehr, die Stadt erstickte an ihrem eigenen Reichtum.

Die Metapher verdeutlicht, wie aus dem Silicon Valley scheinbar Honig über den Planeten geschüttet wird, ohne sich über die Folgen Gedanken zu machen. Honig klebt und macht Menschen unfrei, unbeweglich. Wenn alles verklebt ist, kann man sich nicht mehr gegenseitig helfen, der vermeintliche Segen wird zum Fluch.

Topbewertungen mit wenig Substanz

Ein Fall für Doktor Seltsam: Wie kann es eigentlich sein, dass nach all den offiziellen Bewertungen an Börsen und Handelsmärkten hoch verschuldete Startups höher bewertet werden als die meisten Traditionsunternehmen auf diesem Planeten? Bildet das die Wirklichkeit ab? Oder spiegelt sich hier nur die Gier der Menschen wider? Oder wird hier eine Fantasie genährt, die wir sonst nur aus *Star Trek* kennen?

Natürlich gibt es Startups, die das Potenzial von Milliarden Euro haben. Doch spätestens, wenn Typen wie die Samwer-Brüder mit ihrer Kopiermaschine auftauchen und sich von einer Idee inspirieren lassen, kann das Original schnell wieder in der Versenkung verschwinden. Denn oft genug fehlt es den Ideen an Substanz.

Es gab schon mal eine ähnliche Phase in unserer Gesellschaft, vor gar nicht allzu langer Zeit. Ende des vergangenen Jahrhunderts, da investierte jeder, der nichts auf sich hielt, in Aktien. Der *Spiegel* brachte es dereinst auf den Punkt, als es um Infineon-Aktien ging. Etwas elaborierter, doch in etwa so beobachtete das

Nachrichtenmagazin damals: Infineon? Noch nie gehört. Ist irgendwie eine Tochter von Siemens, hat was mit Halbleitern zu tun. Halbleiter, was ist das? Keine Ahnung, hat was mit Zukunft zu tun. Zukunft ist gut. Ja, da sind sich alle einig.

Also investierten die Leute wie wild in Aktien – ohne auch nur ein bisschen Ahnung zu haben. Der *Spiegel* schrieb damals sinngemäß: Da lassen sich die Kunden ausführlich beraten, wenn es um den Kauf eines Siemens-Staubsaugers geht, der keine 200 Euro kostet, vergleichen das Produkt in unterschiedlichsten Elektromärkten, schlagen aber sofort zu, wenn es um Tausende von Euro beim Aktienkauf unbekannter Welten geht.

Das gierige Volk fiel damals fast an allen Ecken und Enden auf die Schnauze. Man denke nur an die Telekom-Aktie. Wer bis Anfang der 2000er-Jahre in diese Papiere 100 Euro investierte, besaß nach dem Dotcom-Crash oft keine 10 Euro mehr. Manfred Krug, der als Schauspieler damals für den Kauf der Telekom-Aktie warb, sprach noch Jahre danach vom größten Fehler seines Lebens. Wer an seiner Aktie trotz aller Verluste festhielt, konnte gut 20 Jahre nach dem Börsengang rund 15 Euro pro Aktie ernten. Nun ja.

Das war die Zeit der großen Gier, allerorten. Der Dumme, so schien es, war der Nichtaktienbesitzer. Einige glaubten, allein durch den Kauf und Verkauf von Aktien leben zu können. Die Rede ist von einigen ganz normalen Bürgern, nicht von Finanzexperten. Doch heute herrscht wieder so eine irrsinnige Euphorie. Alles ist Change, alles ist Disruption, alles ist digitale Transformation. Und Startups sind der Motor dieser Entwicklung. Schauen wir einfach mal nur die Werte von einigen wenigen Unternehmen im Jahr 2018 an.

Der Börsenwert von Volkswagen lag bei gut 90 Milliarden Euro, der von Mercedes-Benz bei 80 Milliarden und der von BMW bei 60 Milliarden Euro – alles übrigens nach der Dieselaffäre. Und wie sah es zeitgleich bei Apple, Alphabet (Google) und Amazon aus? Apple ist so groß wie fast zehn Mercedes-Benz-Konzerne, liegt also bei einem Wert von rund 750 Milliarden Euro,

Alphabet kommt mit Google auf mehr als zehn BMW-Konzerne, also 650 Milliarden Euro, und Amazon auf gut 500 Milliarden. Lässt sich das wirklich vergleichen? Unbedingt. Auf dem Parkett wird das ja auch verglichen.

Noch deutlicher wird ein Vergleich mit dem Automobilhersteller Tesla, der ja auch als Startup angesehen wird und damit auch für den neuen Markt steht. Im Jahr 2017 überholte Tesla doch glatt BMW – als wertvollere Marke an der Börse. Um 80 Prozent hatte der Wert binnen weniger Monate zugelegt und lag damit höher auch als etwa Ford oder GM. Elon Musk, der Tesla-Chef, wollte 2018 eine halbe Million Fahrzeuge verkauft haben. Im Jahr 2016 konnte Tesla insgesamt lediglich 84 000 Stück verhökern, 2017 nur 101 000 Stück, 2018 zwar einige mehr, aber deutlich unter 250 000 Stück. Zum Vergleich: BMW vermeldete seit 2017 Rekordabsätze und kam – über alle eigenen Marken – auf knapp 2,5 Millionen verkaufte Fahrzeuge im Jahr. Mercedes liegt fast exakt auf gleichem Niveau.

Heißt das: Geschichtenerzähler, Bluffer, Blender werden besser an der Börse notiert?

Wirtschaftsfaktor Startup

Die Stanford Graduate School of Business hat eine interessante Untersuchung gemacht: Sie schaute sich die gut hundert Tech-Startups an, die abseits der Börse mit mehr als einer Milliarde Dollar bewertet sind, also die Überflieger, die Unicorns genannt werden. Das Ergebnis: Die Unternehmen sollen im Schnitt um 51 Prozent überbewertet sein.

Was aber sind die Innovationen von Startups, die für Investoren am attraktivsten sind? In welchen Ideen liegt der bedeutende Wirtschaftsfaktor? Was sind das für Innovationen? Lassen wir mal die Erfindungen von Suchmaschinen und sozialen Netzwerken weg, deren Ideen sind ja längst durch.

Tatsächlich waren es im Jahr 2017 nur 42,3 Prozent aller Startups im deutschsprachigen Raum, die sich damit schmücken können, Branchenneuheiten entwickelt zu haben. Laut *Startup Monitor* gilt nur jedes fünfte Startup mit seiner Idee als einzigartig. Kostproben gefällig? Erfindungen wie ein Airbag-Fahrradhelm, ein Handtaschenlicht, ein faltbares Kajak. Das dokumentiert etwa das Portal Basic Thinking im September 2018.

All das sollen Beispiele für die Bedeutung als Wirtschaftsfaktor sein? Schauen wir die Investments des ersten Halbjahrs 2018 genauer an. Die Strategieberatung LSP Digitalwissen analysierte, wohin die 1,8 Milliarden Euro geflossen sind:

Rang	Branche	Investment	Themen
1	Automobil	564 Mio. €	Autonomes Fahren, E-Mobility
2	Finanzen und Versicherungen	376 Mio. €	Blockchain-Technik, neue Spartenprodukte
3	Gesundheitswesen	305 Mio. €	Medikamente, Prothesen
4	IT	225 Mio. €	Software, digitale Services
5	Tourismus	84 Mio. €	Apps, Portale, Software
6	Konsumgüter	64 Mio. €	Kleidung, Möbel, Kosmetik
7	Energie	64 Mio. €	Nachhaltige Energien, Batterien
8	Transport und Logistik	62 Mio. €	Automatisierte Lager, Abwicklungen
9	Medien und Marketing	61 Mio. €	Tools, Software, Apps, Portale
10	Ernährung	47 Mio. €	Schnellgerichte, umweltfreundliche Lebensmittel, Bio

Investments in Startups.

Millionen über Millionen. Wird hier nicht eine Menge Geld bewegt? In Deutschland gibt es knapp 2000 Startups, die sich am *Startup Monitor* beteiligt haben, einer jährlich vom Bundesverband Deutsche Startups und der Wirtschaftsprüfungsgesellschaft KPMG durchgeführten Umfrage. Mit durchschnittlich zwölf Angestellten kommen Startups auf fast 18 000 Mitarbeiterinnen und Mitarbeiter. Zum Vergleich: In der Schweiz haben Startups, wenn sie nach fünf Jahren noch existieren, sieben Angestellte und erzielen fast 2 Millionen Euro Umsatz.

Im Schnitt sind Startups 2,5 Jahre alt, die Hälfte aller Startups ist maximal zwei Jahre alt. Entsprechend befinden sich 27,1 Prozent der Startups noch ganz am Anfang, also im ersten Jahr, davon generieren 22,2 Prozent noch keinerlei Umsätze. 48,9 Prozent heimsen schon erste Umsätze ein, 25 Prozent sehen sich in der Wachstumsphase. Die Quote erfolgreicher Marktteilnehmer, die zum Teil schon einen Börsengang planen, liegt bei 1,5 Prozent.

Deutsche Konzerne machen im Jahr rund 1,3 Billionen Euro Umsatz, wie Ernst & Young ermittelte (NTV, 26. 12. 2017). Vergleicht man fahrlässigerweise die Investition in Startups in geschätzter Höhe von 3 Milliarden Euro, läge deren wirtschaftliche Bedeutung rechnerisch bei gut 0,2 Prozent. Aber gut, so darf man freilich nicht rechnen.

Ein ähnliches Bild in der Schweiz: Bei einem Bruttoinlandsprodukt von 550 Milliarden Euro sind es 800 Millionen, die in Startups investiert werden, also keine 0,2 Prozent, was tatsächlich auch hier nicht vergleichbar ist, einem aber Größenverhältnisse vor Augen führt. Zu den renommiertesten Startups der Schweiz gehören Ava, das den Menstruationszyklus präzise messen kann, Bestmile, eine Cloud-Lösung für autonomes Fahren, und Lunaphore aus dem medizinischen Bereich, das bei der Tumorerkennung und -klassifizierung hilft.

Auch für Österreich gelten die Kennzahlen wie in der Schweiz in etwa bei einem Bruttoinlandsprodukt von rund 400 Milliarden Euro. Fünfhundert bis tausend Startups werden jährlich in Österreich gegründet, damit sind zwischen 1,5 und 3 Prozent aller Neugründungen der gewerblichen Wirtschaft pro Jahr Startups. Zu den bekanntesten Startups Österreichs zählen Runtastic, das

2015 für 220 Millionen Euro von Adidas übernommen wurde, Shpock, eine Flohmarkt-App mit zehn Millionen Nutzern, die 2015 von Schibsted aus Norwegen übernommen wurde, und Bwin, mit einem Umsatz von 760 Millionen Dollar angeblich der größte Online-Gaming-Anbieter der Welt.

Inzwischen ist auch in Deutschland das Startup-Fieber ausgebrochen. Deutsche Startups erhalten so viel Geld wie nie, schreibt etwa die *Frankfurter Allgemeine Zeitung* am 27. Februar 2018. Dabei zitiert die *FAZ* eine Studie der Beratungsgesellschaft Ernst & Young: »Demnach hatten die 100 größten deutschen Startups seit ihrer Gründung bis Ende 2016 erst rund 5,9 Milliarden Dollar an Wagniskapital eingesammelt. 2017 kamen noch einmal 2,6 Milliarden Dollar dazu. Das war ein Anstieg um 44 Prozent.«

Rang	Unternehmen	Gründungsjahr	Eingesammeltes Kapital (bis Dezember 2017)
1	Delivery Hero	2011	1856 Mio. $
2	Auto1 Group	2012	520 Mio. $
3	Kreditech Holding	2012	497 Mio. $
4	Soundcloud	2007	468 Mio. $
5	Hello Fresh	2011	370 Mio. $
6	Westwing	2011	237 Mio. $
7	Auxmoney	2007	198 Mio. $
8	Lampenwelt	2004	191 Mio. $
9	Get Your Guide	2009	171 Mio. $
10	Home24	2009	156 Mio. $

Die Top-10-Startups in Deutschland (Quelle: EY, 2018).

Das meiste Geld für Startups fließt nach Berlin: fast 70 Prozent des gesamten bisherigen Volumens, also 5,9 von 8,5 Milliarden Dollar. Hier gibt es einfach sehr viele Institutionen, die Startups fördern, und jede Menge Coworking-Spaces. Auch sind die Mieten und die Mitarbeiter deutlich günstiger als in allen anderen deutschen Metropolen. Hamburg und München folgen mit je rund 8 Prozent, Karlsruhe gilt als Geheimtipp mit vielen kompetenten Studenten aus der Tech-Ecke und, was offiziell als positiv verbucht wird, mit wenig Ablenkung im Vergleich zu den anderen Städten. Nach der reinen Anzahl von Startups liegt Nordrhein-Westfalen mit 19 Prozent Anteil seit 2018 vor Berlin mit 15,8 Prozent. In Österreich sind es 50 Prozent aller Investitionen, die nach Wien in Startups fließen.

Zur Einordnung noch ein paar länderübergreifende Zahlen von ey.com: Demnach stieg die Zahl der Startup-Finanzierungen europaweit noch deutlicher als in Deutschland, um über 40 Prozent. Frankreich lag bei der Zahl der Deals mit 583 Transaktionen vor Großbritannien (535) und Deutschland (486). Diese Zahlen beziehen sich allerdings noch auf das Jahr 2016.

Welche Städte weltweit bei den Techies führend sind, eruierte 2017 der britische Immobiliendienstleister Savills. Demnach liegt San Francisco mit dem angrenzenden Silicon Valley nicht mehr auf Platz 1, sondern: Austin. Die Studie bezieht sich auf Kategorien wie das allgemeine Geschäftsumfeld, also wie viele Investments in der jeweiligen Stadt getätigt werden, aber auch, wie einfach es ist, ein Startup zu gründen, bis hin zum Unternehmenswert der ansässigen Firmen. Ach ja, die Immobilientypen analysierten auch Dinge wie Freizeitwert und Lebenshaltungskosten oder Grundstückskosten. Da dürfte das Silicon Valley abgeschmiert sein.

Austin jedenfalls gilt als das neue Mekka für Startups. Hier finden sie finanzkräftige Partner mit Firmen wie IBM, Dell oder AMD. Außerdem ist das Tech-Festival »South by Southwest« wahrscheinlich das weltweit größte seiner Art. Dass in Austin Steuern günstig sind und Grundstückskosten noch als bezahlbar gelten, hilft für den Sprung aufs Siegertreppchen sicher ebenfalls.

Nach Austin folgen als weltweit führende Tech-Metropolen San Francisco, New York, Amsterdam und Toronto. Berlin findet sich auf Rang 9, Singapur auf Rang 10, Tel Aviv auf Rang 15 vor

Seoul, Hong Kong und Tokio. Startups, die auf den Wellness-Faktor einer Stadt stehen, müssen nach Berlin – zumindest auf diesem Gebiet soll die deutsche Hauptstadt weltweit führend sein.

Offizielle Umsatzzahlen von Startups sind nur schwer zugänglich. Hier wird nicht gerne mit offenen Karten gespielt, um keine potenziellen Geldgeber zu vergraulen. Laut dem Fachportal *Gründerszene* vom 27. April 2018 sind »die Zahlen vieler Startups längst nicht so beeindruckend, wie die Gründer es gern hätten. So manche erfinden da neue Kennzahlen, um besser dazustehen.« Oft würden Angaben aufgeblasen. Rücksendungen von E-Commerce-Händlern nicht berücksichtigt, obwohl sie bis zu 50 Prozent ausmachten. Heißt: Brutto-Umsatzzahlen werden publiziert, Werkstudenten werden als Vollzeitmitarbeiter gerechnet, App-User werden anhand von Downloads anstatt von Nutzungen gezählt, Zahlen werden geschönt. »Der Druck ist hoch und verleitet so manchen dazu, bei den Geschäftszahlen zu übertreiben«, schreibt *Gründerszene*.

Bloß nicht Old Economy

Was aber ist es, das Startups auszeichnet? Warum üben sie solch eine Anziehungskraft aus, und das bis hin zur Chefetage? Das muss doch mit magischen Kräften zu tun haben.

Geht es um die Transformation von Geschäftsmodellen, »haben viele Consultants hauptsächlich Buzzword-Geschwafel zu bieten«, schrieb das *Manager Magazin* 2/2018. »Trotzdem fallen selbst gestandene Bosse reihenweise darauf rein.« Der Wirtschaftstitel greift ebendieses Thema auf unter der Headline »Die Rattenfänger von Digitalien«.

Denn wenn man ehrlich wäre, müsste man zugeben, dass Startups per se nichts Neues sind. Es sind im Prinzip Firmengründungen, die oft auf einer digitalen Basis beruhen und nicht selten nur eine Idee sind, ohne Businesspläne. Startups sind Fantasie – oder sollen diese beflügeln. Sie sind Zauberei, denn sie können aus einem einzigen Euro Millionen machen, wenn sie funktionieren. Sie sind Versprechen, Lockruf, Gier, Neuzeit, Gewinn, Verlust und Lüge gleichzeitig. Sie sind ein Nichts und ein Alles, lösen den Drang des Dabeiseins aus, sind ein Eldorado für Finanzexperten, ein erhofftes Paradies für Investoren.

Anders als einstige Firmengründungen müssen Startups das schnelle Geld machen. Ging man bis vor zehn Jahren noch davon aus, dass sich ein neu gegründetes Unternehmen binnen zwei Jahrzehnten amortisieren sollte, muss es heute innerhalb eines Jahres sein. Zumindest muss es innerhalb von anderthalb Jahren absehbar sein, dass die Nulllinie erreicht wird. Im Idealfall muss das aber deutlich schneller gehen.

Das Merkwürdige am Phänomen Startup: Banken sind viel schneller bereit, hier Gelder zu investieren als in eine altehrwürdige Geschäftsidee. Wenn ein Metzger einen zweiten Ladenbetrieb eröffnen will, wird die Bank länger damit zögern, Geld herauszurücken, als wenn der Metzger Geld für ein virtuelles Fleischspiel verlangen würde.

Dazu ein aktuelles, selbst erlebtes Beispiel: Ein Unternehmer hatte in den 1980er-Jahren das gut laufende Forschungsinstitut seines Vaters übernommen. Fast vier Jahrzehnte lang ging es mal auf, mal ab, unterm Strich war es ein äußerst gesundes Unternehmen mit Millionenumsätzen, das sich positiv entwickelte. Eines Tages standen etliche Rechnungen aus, vor allem von EU-Behörden, die in großem Stil Forschungen beauftragt hatten. Mit dem Bezahlen allerdings ließen sich die EU-Bürokraten gerne mal Zeit – und das wurde dem Forscher zum Verhängnis.

Der Unternehmer musste bei der Bank antreten, wo er die ausstehenden Rechnungen beschrieb und weitere, schon unterschriebene Aufträge vorlegen konnte. Doch das interessierte die Bank nicht, sie wollte das aktuelle Finanzloch gestopft wissen. Also stiefelte der Unternehmer, dem es an sich ja gut ging, zu einem Berater. Banken gedulden sich für gewöhnlich etwas, wenn man sich freiwillig Consultern in die Hände begibt. Was aber war der Rat der Berater? Wörtlich empfahlen die Consulter: Der Geschäftsführer des Marktforschungsinstituts solle der Bank gegenüber erzählen, er brauche das Geld, um in ein Startup zu investieren.

»Welches Startup?«, wollte der Unternehmer von den Consultern wissen. »Na, Ihr Forschungsunternehmen natürlich«, lautete die Antwort. Aber das sei doch gar kein Startup, versuchte der Unternehmer zu erklären. Darum gehe es gar nicht, so die Berater. Schon allein der Begriff »Forschungsinstitut« sei veraltet, sowohl »Forschung« als auch »Institut«. Für so etwas könne er bei keiner Bank mehr auch nur einen Cent erwarten. Er solle ein »Survey-Startup« gründen. Am besten eines, das sich auf »digitale Topics« spezialisiere und auf »digitale Target Groups«.

Das war ernst gemeint, doch der Unternehmer fühlte sich etwas veräppelt. Aber er brauchte das Geld, um liquide zu sein. Bei seiner langjährigen Hausbank kam er ja einfach nicht weiter. Bis er sich dazu entschloss, einen mutigen Schritt zu wagen: Er gründete ein Startup. Das heißt, er nannte einfach Geschäftsfelder um, präsentierte diese als Zukunftsvision, an die seine biedere Bank sofort glaubte – der Bankschalter war für ihn wieder geöffnet. Bis zum richtigen Crash. Aber das ist eine andere Geschichte, eine sehr kurze.

»Wenn Sie ein Budget durchdrücken wollen, schreiben Sie einfach ›digital‹ an Ihr Projekt.« Ein Satz, den Werner Baumann als Bayer-Vorstandschef seinen Mitarbeitern sagte, allerdings ausdrücklich als Scherz gekennzeichnet. Und dennoch liegt hier jede Menge Wahrheit.

Wenn Startups so leicht Türen von Banksafes öffnen können, ist doch klar, dass alle Branchen danach gieren, sich selbst als solches zu sehen. Startups sind cool, locken das schnelle Geld an, ziehen die lockeren Mitarbeiter an, also muss alles auf Startup getrimmt sein. Doch genau das ist es ja, womit sich die ökonomische Menschheit in die eigene Tasche lügt. Denn nicht alles, was wie ein Startup glänzt, ist Gold. Und Chefs, die Turnschuhe tragen, sind noch lange nicht cool. Aber sie versuchen, dieses neue, scheinbar moderne Image in die Welt hinauszutragen.

Die geheimen Verführer

Die Blender der Vergangenheit kamen meist aus der Werbung. Da wurden heile Welten versprochen, käufliche Glücksgefühle, Rundumwohlfühlpakete. Nicht Heizkörper verkauft die Werbung, sondern Wohlbehagen, nicht Speiseeis, sondern Liebesgefühle, nicht Klamotten, sondern Ansehen.

Werbung war beliebt und unheimlich zugleich. Unheimlich, weil wir, die ganz normalen Menschen, mit hochwirksamer psychologischer Kriegsführung überredet oder überzeugt wurden. Dieses »Persuadere« geschah durch »die geheimen Verführer«, wie der Psychologe Vance Packard es in seinem unvergessenen Buch, einem weltweit erfolgreichen Klassiker, beschrieben hatte. Im Jahr 1957.

Heute läuft die geheime Verführung über digitale Evangelisten. Das *Manager Magazin* 2/2018 fand für seine Kritik der Beratergläubigkeit klare Worte. »Berater verführen die Führungskräfte zum Sneakerkauf, zu bunten Möbeln und banalen Apps oder Butterfahrten ins Silicon Valley«, heißt es dort. »Fröhlich legen die dann die Krawatte ab und amüsieren sich beim Design-Thinking im digitalen Bällebad. Sinnvolle Innovationstechniken verkommen dabei zum Selbstzweck.«

Tatsächlich tauchen Berater oft ungefragt auf, sagen einem nichts Neues, protzen nicht ohne Erfolg mit ihrer naiven Unkenntnis, die sie einem gerne als Waffe an die Brust halten, indem sie völlig unverständliche Weisheiten von sich geben, wenn sie etwa sagen: »Was ich nicht weiß, weiß niemand. Das müssen wir ändern.« Doch das Ändern macht Angst, verunsichert die höchsten Managementetagen. Und so greifen hoch bezahlte Entscheider von Unternehmen gerne auf Berater zurück. Einzige Bedingung: Das Wort »digital« muss in irgendeiner Form auf der Visitenkarte stehen – echte Erfahrungen braucht der Berater nicht unbedingt vorzuweisen.

Besonders erfolgreich scheinen Berater zu sein, die monatlich ihre Top 10 der Buzzwords aktualisieren und eine Handvoll Beratersprüche draufhaben. Zum Grundwortschatz zählen Begriffe wie »UX«, User Experience, »Frenemy«, gemeint sind Riesen wie Google und Facebook, die für fast jedes Unternehmen Fluch und Segen zugleich sind. »Daten sind das neue Öl«, wird ebenfalls gerne mal hingeworfen, und »Challenge« sollte mindestens in jedem zweiten Satz auftauchen, denn irgendwie ist ja alles eine Herausforderung. Und der am meisten zitierte Satz könnte im Beratersprech dieser sein: »Digitale Transformation ist wie Teenagersex. Alle reden darüber, aber keiner weiß, wie es geht.« Ein Lacher in den obersten Etagen. Ätzend, primitiv, erfolgreich.

Als »Tech-Influencer« bezeichnet sich Guy Kawasaki, der Psychologie an der Stanford University im Silicon Valley studierte, 1984 für die Vermarktung des Apple-Macintosh verantwortlich war und jetzt Daimler-CEO Dieter Zetsche berät, ihm etwa Cowboystiefel auf der wohl größten Zukunftskonferenz der Welt aufdrängt, in Texas, Austin, der »South by Southwest« (SXSW). Guy Kawasaki wird selbst auf der Homepage von Mercedes-Benz als »Botschafter« zelebriert. Hier finden sich Geheimnisse, die der selbst ernannte Tech-Evangelist in drei Jahrzehnten im Silicon Valley gelernt hat.

Erstes Learning: »Freue dich über dein Nichtwissen.« Eine Erkenntnis, die nachhaltig begründet wird: »Wenn man jung ist, weiß man noch nicht, was man nicht weiß. Und das verleiht besondere Kraft. Denn wenn man weiß, wie schwierig der Weg ist, der vor einem liegt, geht man ihn vielleicht erst gar nicht.« Lassen wir es mal so stehen. Denn so ganz abwegig ist dieser Gedanke nicht.

Ähnlich eine weitere Erkenntnis von Guy: »Überlege nicht, lege los.« Der Markenbotschafter von Mercedes kritisiert, dass viele Leute zu viel Zeit damit verbringen würden, zu planen – und zu wenig Zeit damit, etwas zu tun. Auch das ist nicht ganz falsch. Nur scheint sich durch die Startup-Mentalität die Erkenntnis durchzusetzen, wirklich nicht erst zu überlegen, sondern einfach mal draufloszulegen – ganz ohne Planung. Wer plant, ist doof, ist uncool. Solange man den Schaden, der entsteht, nicht selbst tragen muss, ist ja auch alles egal, oder nicht?

Wer solche Sprüche draufhat, darf sich von den größten Weltkonzernen mit einem Tagessatz von einigen Tausend Euro dafür entlohnen lassen. Sprüche, die das Management dann gerne wörtlich nachplappert. »Gerade weil Managern die Aufgabe (der technologischen Umwälzungen) so unfassbar und gigantisch erscheint, haben es Scharlatane leicht«, schrieb das *Manager Magazin*. Je simpler sich die »neuzeitlichen Rattenfänger« anhören würden, desto attraktiver seien sie.

Und das ziehe jede Menge Trittbrettfahrer an: etwa Kevin Spacey, der sich vor seinem Skandal gerne mal bei der Münchner Tech-Konferenz Bits & Pretzels zeigte, Fernsehlegende Stefan Raab, der sowieso überall mitmischt, wo es etwas zu holen gibt, Ex-Boxer Wladimir Klitschko, TV-Blödler Joko Winterscheidt, Dissertationsmissversteher Karl-Theodor zu Guttenberg oder Fußballstar Philipp Lahm. Kompetenz spiele keine Rolle, schrieb das Wirtschaftsblatt. Was für ein Getue um die wundersamen digitalen Prediger! Klitschko etwa habe die Firma Klitschko Ventures gegründet, die beim Entwickeln von Geschäftsmodellen im digitalen Wandel helfen will. Und schon soll ihn der Softwaregigant SAP gebucht haben oder auch die Deutsche Telekom.

Von dem leckeren Kuchen wollen auch die klassischen Beratungshäuser ein großes Stück abbekommen. So gründen sie irgendwelche Digital-Units, Hauptsache es klingt nach Dynamik, nach Vertrauen in die Zukunft. Selbst hoch bezahlte Consultingkonzerne rüsten ihr Blendwerk in oft kindischer Form auf: PricewaterhouseCoopers schmückt sein »Experience Center« in Frankfurt mit einer *Star-Wars*-Tapete. »Da sind die Kollegen sehr stolz drauf«, wird PWC-Partner Martin Scholich im *Manager Magazin* zitiert. Von den dreitausend Consultants seien dort gut tausend mit Digitalprojekten befasst. Ihre Büros haben nicht nur die *Star-Wars*-Tapete, sondern auch Roboter und natürlich bunte Möbel, wie im Silicon Valley üblich.

Nicht viel besser kommt McKinsey davon. Auch dort wird mit flotten Sprüchen jongliert, etwa: »If things are not failing, you're not innovating hard enough.« Wer also nicht scheitert, arbeitet bei seinen Innovationen nicht hart genug. Was für eine Haltung: Muss denn wirklich alles so programmiert werden, dass man nicht erfolgreich ist? Mit Programmen zum Scheitern?

Bei McKinsey scheint Altes, oftmals Überholtes aus den Schubladen gekramt zu werden, um es als frisch erneut zu verkaufen. Da gab es laut dem Wirtschaftsblatt mal das Projekt »Commerzbank 4.0«. Als Ziel wurde nicht definiert, wie sich die Bank modern aufstellen solle, um zum Beispiel wirtschaftlich besser dazustehen, mehr Kunden in besserer Qualität zu bedienen oder die eigenen Produkte und Beratungen zu überdenken. Als Ziel wurde definiert – und das ist symptomatisch für die Denkweise der Chefgeneration Startup-Lüge –, 80 Prozent aller relevanten Prozesse bis Ende 2020 zu digitalisieren.

Angeschoben wurde das Projekt vom Vorstandschef der Bank, Martin Zielke, der in seinen Chefkonferenzen das einheitliche Erscheinungsbild von »Deutschlands disruptiver Bank« predigte. Passiert sein soll dann reichlich wenig, bis auf ein paar einzelne Projektchen, etwa eine Baufinanzierungsapp oder ein digitaler Ratenkredit.

Was das zeigt? Wie krank manche Manager agieren. Lassen sich von dem digitalen Wahn infizieren, statt das brachliegende Potenzial, das die Digitalisierung ermöglicht, zu nutzen. Im Sinne der Kunden, im Sinne der Geschäftspartner, im Sinne der Mitarbeiter. Einer Bank geht es doch dann gut, wenn sie sich digital so schnell wie möglich modernisiert, nutzerfreundlich und transparent. Aber als Ziel zu definieren, dass 80 Prozent aller Prozesse digitalisiert werden sollen, ist schlicht blöd.

Hier müssten Consulting-Unternehmen ansetzen, in ihrer Beratung, um glaubwürdig zu sein. Machen sie aber selten. Nicht, weil sie zu doof sind, doch Berater sind nun mal gerne die geheimen Verführer. Welches Unternehmen greift denn auf einen Consulter zurück, der ihnen vernünftige Erkenntnisse verkauft? Die Zukunft muss verkauft werden, das Morgen. Manager wollen belogen werden, um ihre eigenen Geschäftspartner, Aufsichtsräte und auch Kunden selbst zu belügen.

Komisch, dass man bei diesem Thema auf Volkswagen kommt. Nein, hier wird kein Wort zum Thema Dieselaffäre verloren. Ganz banal geht es diesmal um die Boston Consulting Group, deren Tochter BCG Digital Ventures für Volkswagens Finanztochter die Gebrauchtwagenplattform HeyCar bauen durfte. Das Gute: Es ist ein digitales Baby. Das Schlechte: Niemanden interessiert es. Denn das Angebot beschränkt sich weitgehend auf das der beteiligten VW-Händler und biete kaum Zusatznutzen. Es wäre wohl von Vorteil gewesen, sich vorher Startups anzusehen, die wirklich etwas taugen. Denn hier ist ja tatsächlich schon viel Positives bewegt worden, etwa mit dem Startup Auto1, das europaweit Angebote synchronisiert.

Nun gibt es ein Dilemma bei den Beratern, das zumindest die *Rheinische Post* Anfang Januar 2018 erkannt hat: »Wir müssen uns genauso neu erfinden wie unsere Kunden«, sagte Uwe Rittmann als Partner bei der Unternehmensberatung PricewaterhouseCoopers in jener Zeitung. Deutschland sei eine Beraterrepublik. »Hier scheut man vielfach nicht nur das Risiko einer Gründung, sondern setzt auch als Unternehmer lieber auf eine zweite Meinung.« Nach den USA ist Deutschland der größte Beratermarkt der Welt mit 115 000 Consultern. Deren Geschäftsmodell sei es, »dass möglichst viele Consultants über einen möglichst langen Zeitraum bei Kunden entsprechende Tagessätze verrechnen können«, so Nikolaus Schmidt von Klaiton in der *Rheinischen Post*.

In seiner Kritik kennt das *Manager Magazin* endlos Schimpfworte für die digitalen Verführer, von »Scharlatan« über »kurze Brüter« bis zu »Dampfplauderer« und eben »Rattenfänger von Digitalien«. Wie kommt es zu dieser Scharlatanerie unter lauter gebildeten, studierten Menschen?

- ↑ Weil Managern die digitalen Inhalte so fremd sind?
- ↑ Weil Managern die Aufgabe als zu groß erscheint?
- ↑ Weil Manager keinen Bock auf das Thema haben?
- ↑ Weil Manager zu alt sind?
- ↑ Weil Manager froh sind, im Haus einen Paradiesvogel zu haben, der jeden Gedanken zwitschernd disruptiert?

Die Wahrheit: 92 Prozent der Führungskräfte in Deutschlands etablierten Unternehmen verfügen über keinerlei Digitalerfahrung, hat die Hochschule für Technik und Wirtschaft in Berlin herausgefunden.

Nun ist es so, dass Chefs lieber auf Digitalberater zugreifen, die nicht unbedingt seriös wirken, sondern nonkonformistisch. Das fasziniere Konzernlenker, sie vermuten dahinter kreativen Esprit. Das Wirtschaftsblatt bringt es in seiner Beschreibung dieses Beratertyps auf den Punkt: »redet gern und viel von Customer Journeys, APIs und digitaler Dividende« und »gibt selbst zu, dass seine Kunden ihn nicht immer verstehen. Sie hängen ihm trotzdem an den Lippen. Mit seinem Style vermittelt er genau das, wovon sie insgeheim selbst träumen: eine Prise Jugend und Rebellion, erfolgreich sein und dabei lässig bleiben.«

Zweite Lüge:

Ein Startup gründen war nie so einfach wie heute

Gründer, die sich selbst verwirklichen

Norbert hat eine Idee. Genauso wie Zaara, Gregor, Cora und Karl. Sie alle eint, dass sie ihre Idee umsetzen wollen, in Form eines Startups, weil es so einfach ist, eines zu gründen. Und weil sie alle vom »next big thing« träumen. Allerdings sind Startup-Gründer komplett unterschiedliche Typen. Was nicht heißen soll, dass sich der eine oder andere Typ eher durchsetzt. Hier mal eine Übersicht unterschiedlichster Gründertypen:

- **Zaara, die Zahlenfrau:** Sie sieht alles immer nur von der Zahlenseite aus. Eigentlich wäre sie die perfekte Controllerin im Wasserwirtschaftsamt geworden oder Beraterin bei Roland Berger. Sie hat keinerlei Emotionen gegenüber den Produkten – bei ihr geht alles nur, wenn die Zahlen aufgehen. Den Taschenrechner hat sie im Hirn implementiert, der Dreisatz ist für sie eine Sportart. Sie tritt überzeugt auf, kann im Pitch jede Nuance beantworten, wenn sie mit Zahlen erklärbar ist. Weil sie sich so an Zahlen klammert, wirkt sie aber oft beratungsresistent und unbelehrbar.
- **Norbert, der Novize:** Fehlende Berufserfahrung, frisch von der Schule oder vom Studium, den Kopf voller Ideen, brennt er für ein Thema, das er gerade verfolgt. Er weiß, dass es funktionieren wird, überzeugt alle Welt, nervt damit seine Freunde, seine Familie, will sein Ding

durchziehen, weiß allerdings nicht genau wie, ist so begeistert, dass er sich in jedes Detail seiner Idee verliebt – und dabei Grundlegendes wie die Finanzplanung vernachlässigt. Emotional, enthusiastisch, aber realitätsfremd.

- **Gregor, der Geek:** Er ist der Prototyp eines Startup-Gründers, auch wenn er dort gar nicht so oft anzutreffen ist, wie es scheint. Der Geek ist ein Computerfreak, Langweiler, Streber, Fachidiot und zugleich Waschlappen. Er ist der Typ, der sich zurückzieht, dem eine verschlossene Garage zu hell ist, dessen Finger nervös zucken, wenn keine Tastatur im Aktionsradius greifbar ist. Er sieht alles von der technischen Machbarkeit aus, ist also für ein Gründungsteam ein Muss. Allerdings denkt er über die Technik selten hinaus. Er hat keine Ahnung davon, was Kunden wünschen könnten, kennt sich in Märkten und Branchen nicht aus, weil sein Blut aus Nullen und Einsen besteht. Er kann als technischer Master hilfreich, doch bei der Umsetzung einer Idee kontraproduktiv sein.
- **Cora, die Coole:** Weil sie jede Menge Erfahrung hat, sich in ihrer Branche auskennt, viele Kontakte hat, seit Jahren in einem Fachgebiet arbeitet, ist sie souverän, kompetent, cool. Ihre Idee ist die Lösung eines Problems, mit dem jeder in ihrer Branche zu kämpfen hat. Und sie, ja, sie hat die Lösung gefunden. Eigentlich ist diese Antwort zu einfach – umso gefährlicher ist es, dass sie unterschätzt, wie groß der tatsächliche Aufwand wirklich ist. Noch etwas, viel schlimmer: Die Motivation für diese Idee ist eng verbunden mit einem Fluchtgedanken. Heißt: Der Job ist – karrieremäßig – eine Sackgasse, hier will Cora nichts mehr einbringen, will also ihr eigenes Ding durchziehen, das eng mit ihrem bisherigen Tun verknüpft ist. Wenn die Motiva-

tion die Flucht ist, werden Wahrheiten verschoben. Die Motivation für eine Gründung muss immer das Hinwollen sein und nicht das Wegwollen eines anderen Jobs.

- **Karl, der Kreative:** Bei ihm sprudelt es nur so. Immer fällt ihm zu allem etwas ein, woran niemand gedacht hat. Er sprengt jegliche Konvention, gilt in vielen Kreisen als Spinner, könnte aber auch ein Genie sein. Er muss in Berlin oder New York leben, auch wenn er in einem Vorort von Karlsruhe sein Glück versucht. Seine Begeisterungsfreude kennt keine Grenzen, er lässt sich für jede Idee infizieren, entwickelt daraus weitere Ideen, öffnet Gedankentüren, kann auch andere Menschen sofort entflammen. Ihm fehlt es allerdings, Zahlen einer Geschäftsidee zu hinterlegen, er könnte nie einen Businessplan erstellen, wollte er auch nicht. Und: Seine Begeisterung hält nie lange, schon brennt er nämlich für die nächste Idee.

Das ist natürlich nur eine garantiert unvollständige Auswahl an Gründertypen, um ein Gefühl dafür zu bekommen, dass es den perfekten, alles durchdenkenden Menschen kaum geben kann. Jemanden, der die Technik draufhat, über die nötigen Emotionen verfügt, der Wirtschaftspläne im Blick hat, den Markt beobachtet, der zugleich Menschen begeistern kann und nicht so schnell aufgibt. Nach unterschiedlichen Quellen (zum Beispiel »Diese Gründer-Typen gibt es wirklich« auf dem Onlineportal *Gründerszene*, »Die 7 Gründertypen« auf starting-up.de; oder »Wie Israel zum Gründerland wurde« in der *Wirtschaftswoche*) finden sich schier unendlich viele weitere Gründertypen:

- **Der Kontrollfreak**, der alles selbst steuern will, dabei aber die Kontrolle über das Startup verliert.
- **Der Geizige**, der für keinen Schritt Geld ausgeben will.

- **Der Spendable**, der für jeden Schritt möglichst viel Geld ausgeben will.
- **Der Dekadente**, dem die Möbel im Startup wichtiger sind als das Produkt.
- **Der Nerdige**, der alles besser weiß, ohne viel zu wissen.
- **Der Nervige**, der weiß, was alles nicht geht.
- **Der Stratege**, der methodisch vorgeht, etliche theoretische BWL-Modelle runterleiern kann, ehrgeizig ist, doch vor lauter Planung sein Produkt vergisst.
- **Der Antinerd**, der Technik hasst, jegliche Begriffe dazu negiert, aber darauf angewiesen ist, dass der Softwaremotor für seine Idee entwickelt wird.
- **Der Quereinsteiger**, der im neuen Markt seine Chance sieht, die er im bisherigen Business nie erhalten hat.
- **Der Einzelgänger**, der andere Menschen hasst, aber an einem neuen sozialen Network arbeitet.

Mit Gründertypen ist es wie im wirklichen Leben. Nicht jeder kann mit jedem zusammenarbeiten, ideal ist eine Ergänzung unterschiedlichster Charaktere. Zwei komplett gleich tickende Gründer können sich eher schaden. Aber auch unterschiedliche Typen scheitern eher, als sie über längere Zeit ihre jeweiligen Vorteile in die Geschäftsbeziehung einbringen.

Wer weniger an seiner Idee als vielmehr an seinen Mitgründern oder gar sich selbst zweifelt, kann sich ja an einem Test versuchen, von denen im Netz unendlich viele zu finden sind: Bin ich ein Gründertyp? Habe ich das Zeug zum Unternehmer? Zu den wichtigsten Fragen für Gründertypen gehört folgende Auswahl von *Förderland.de*:

- Passt Ihre praktische Erfahrung zur Branche, in der Sie sich selbstständig machen wollen?
- Haben Sie schon einmal die Arbeit von Mitarbeitern organisiert und kontrolliert?

- ↑ Besitzen Sie eine fundierte kaufmännische oder betriebswirtschaftliche Ausbildung oder entsprechende Erfahrung?
- ↑ Sind Sie bereit, zumindest in den ersten Jahren sechzig oder mehr Stunden pro Woche zu arbeiten?
- ↑ Und wird Ihre Familie Sie bei Ihrem Vorhaben unterstützen?

Gründen heißt auch, Verantwortung zu übernehmen. Gründen bedeutet nicht nur, mal eine tolle Idee zu haben, sondern auch finanzielle Vorbereitung und einen psychologischen Bewusstwerdungsprozess.

Bei der Gründung eines Startups wird nämlich die klassische Maslowsche Bedürfnispyramide geradezu auf den Kopf gestellt. Sie beschreibt sehr vereinfacht menschliche Bedürfnisse und die Motivation, eine sozialpsychologische Theorie des amerikanischen Psychologen Abraham Maslow, der bis 1970 lebte. Basis sind seiner Theorie nach physiologische Bedürfnisse, gefolgt von Bedürfnissen nach Sicherheit und nach Sozialem, bis an der Spitze der Pyramide Individualbedürfnisse und Selbstverwirklichung stehen.

Wer sich dafür entscheidet, ein Startup zu gründen oder dafür zu arbeiten, findet dort jede Menge der Basisbedürfnisse befriedigt, also physiologische Bedürfnisse in Form von Freigetränken, kostenlosen Snacks und Tischkickern. Auch soziale Bedürfnisse werden zur Genüge abgedeckt, durch jede Menge Teamarbeit und nette Kollegen, im Idealfall durch hierarchiefreie Strukturen. Selbstverwirklichung und die Befriedigung individueller Bedürfnisse werden zwar erwartet, doch diese Erwartung erfüllt sich meist leider nicht, wie ich später anhand einiger Beispiele zeige (etwa bei der siebten, zehnten, elften und zwölften Lüge). Was Startups so gar nicht bieten können, ist die Abdeckung der Sicherheitsbedürfnisse, also etwa betriebliches Gesundheitsmanagement oder eine Altersvorsorge. Gerade für Arbeitnehmer wären das aber äußerst wichtige Punkte.

»The next big thing« und das große Geld

Wie einfach sich das immer anhört: 4. Februar 2004, ein neunzehnjähriger Harvard-Student im zweiten Semester gründet Facebook. Nun gut, es begann mit Facemash, ein Foto-Zufallsgenerator, um Harvard-Studentinnen nach ihrem Aussehen zu bewerten, ohne Zustimmung der Frauen, damals zu Recht schon umstritten, aber erfolgreich. Mit 24 Jahren war Mark Zuckerberg der reichste Selfmade-Milliardär der Geschichte.

Oder aber: Paris im Jahr 2008, ein gewisser Travis Kalanick muss 30 Minuten auf ein freies Taxi warten. Die Idee von Uber war geboren. 2009 war Gründung, 2010 startete der Dienst in San Francisco, knapp drei Jahre nach Beginn wurde das Startup auf 4 Milliarden Dollar bewertet.

Und: Mieterhöhung an der US-Westküste im Sommer 2007. Aus der Dreier-WG mit Joe Gebbia und Brian Chesky musste aus Geldmangel Nathan Blecharczyk ausziehen. Das frei gewordene Zimmer wurde kurzfristig vermietet, inklusive Luftmatratze. Keimzelle für die Idee von Airbnb, das am 11. August 2008 offiziell gegründet wurde und acht Jahre später schon über 30 Milliarden Euro wert war.

So klingen die Träume der meisten Startup-Gründer. So stellen sie sich ihr Leben vor, ihre unkomplizierten Finanzierungsrunden. Denn natürlich haben es diese Giganten nicht auf eigene Faust geschafft, so groß zu werden. Microsoft etwa kaufte sich noch im Oktober 2007 einen Anteil von Facebook, 1,6 Prozent, für 240 Millionen US-Dollar. Beim Börsengang 2012 wurden 16 Milliarden Dollar erzielt, 2018 lag der Wert bei über 500 Milliarden Dollar.

Auch bei Uber sprudelte das Geld der Investoren nur so. Benchmark Capital, Goldman Sachs und Google Ventures haben hier kräftig investiert, allein 2014 über eine Milliarde Dollar.

Geradezu langsam erscheinen dagegen die Investments bei Airbnb: Das erste Geld in Höhe von 20 000 Dollar floss im Januar

2009 von dem im Silicon Valley beheimateten Gründerzentrum Y Combinator. Der Venture-Capitalist Sequoia Capital schoss im April 2009 rund 600 000 Dollar nach, in den Folgejahren kamen weitere Investments in den dreistelligen Millionenbereich hinzu, von 112 Millionen 2011 und 474 Millionen 2014 bis zu 1,5 Milliarden 2015, um nur ein paar der deutlich mehr Finanzierungsrunden zu skizzieren. Weitere Milliardenbeträge kamen in den Folgejahren.

So einfach geht also Startup? Geschäftsidee, Garage, Geldquelle? Wenn es nur so einfach wäre. Natürlich klingen die Märchen aus dem Silicon Valley hoffnungsvoll. Natürlich ist an den Geschichten etwas Wahres dran. Aber diese Beispiele sind und bleiben die Ausnahme. Da gibt es die über hundertjährige Kettenraucherin deutlich öfter.

Startups ringen um frische Gelder. Wer wachsen will, braucht Nährstoffe. Der Kampf um Geldgeber ist größer denn je. Geschürt wird der Wettbewerb durch Medien, Fernsehshows, sozialen Austausch auf allen Foren. Um sich hip zu fühlen, führen auch immer mehr Unternehmen Startup-Pitches durch, also Wettbewerbspräsentationen. Rewe etwa hat das 2018 eingeführt, um im Lebensmittelbereich innovative Anregungen finanzieren und umsetzen zu können. Beim »Rewe Start-up Award« hoffen 170 Bewerber auf Unterstützung. Und die sieht so aus: Das erstplatzierte Startup wird in den Rewe-Märkten gelistet, bundesweit. Neben einem Medienpaket wird eine Platzierung auf dem Rewe-Handzettel garantiert. Klingt ein klein wenig bescheidener als die Finanzierungsrunden, die Facebook, Uber und Airbnb erleben durften.

Auch der Fernsehsender Sky führte mal 2016 einen Startup-Wettbewerb durch, »Welcome new TV brands«. Hier erhielt am Ende eines Pitch-Verfahrens der Gewinner, der Sonnencremehersteller Mawaii, immerhin ein Mediavolumen im Wert von 100 000 Euro im Umfeld einer Beach-Volleyball-Tour.

Das war einer von mehreren Startup-Wettbewerben, bei denen ich in der Jury sein durfte. Dabei wurden die gigantischen

Unterschiede der Gründerteams deutlich. Auf Nachfragen der Jury zum Geschäftsmodell wussten nur die wenigsten Teams fundierte Antworten, was bei den erhofften Investments geradezu fahrlässig erscheint.

Neben Händlern und Fernsehsendern sind es auch Agenturen, die Startup-Pitches veranstalten, etwa die Publicis-Gruppe. Sie führte einmal eine hausinterne Ausschreibung durch, aber auch eine externe im Jahr 2018 zum Thema künstliche Intelligenz. Und auf der Digitalmarketingmesse Dmexco in Köln wurde 2018 der sogenannte »SevenVenturesPitchDay« (7VPD) durchgeführt: Gesucht wurden innovative Startups, die bereits am Markt Fuß gefasst haben und jetzt den nächsten Wachstumsschritt gehen wollen. Auch hier wurde das Preisgeld in Form von Mediavolumen ausgegeben. Das heißt, das Startup, das den Pitch gewonnen hat, darf für 3 Millionen Euro Fernsehwerbung machen, für 200 000 Euro Online-Werbung und für 30 000 Euro einen Werbespot erstellen.

SevenVentures, muss man wissen, ist der Investmentarm der Sendergruppe ProSiebenSat.1. Diese hat schon einige Erfahrungen mit Startups gemacht. So gilt ProSiebenSat.1 als Vorreiter beim Thema »Media for Equity«, Werbung gegen Firmenanteile. Mit diesem Rezept hat die Fernsehgruppe Firmen wie Zalando oder Parship groß gemacht. Jährlich wurden oft rund drei Dutzend solcher Partnerschaften gepflegt.

Um sich moderner zu positionieren, hat auch die Digitalmarketingmesse Dmexco in Köln ein sogenanntes »Start-up Village« gegründet. Hundertfünfzig innovative (was sonst?) Startups sollen sich hier präsentieren können. Auf zwei Bühnen verkaufen sich die Startups, um Geldgeber anzulocken.

Um aber überhaupt einen ersten Schritt in Richtung Geldgeber machen zu können, muss die Geschäftsidee stimmen. Auch das klingt einfacher, als es ist. Beim Startup geht es um den Grad an Innovation, mit dem im Idealfall ein neuer Markt aufgetan werden kann. Das Geschäftsmodell muss skalierbar sein – ein relevanter Begriff, der oft keine Rolle spielt. Natürlich will jedes Startup wachsen. Doch die Skalierbarkeit bedeutet viel mehr als wachsen: Es ist die Übertragung auf weitere Geschäftsmodelle, im Idealfall sogar auf mehrere Branchen. Ein Startup, das sich bei seiner Vorbereitung mit einer Wikipedia-Recherche begnügt, darf sich bei Skalierbarkeit freilich mit der Aussicht auf Wachstum freuen. Bei Startups ist mit Skalierbarkeit aber auch gemeint, Geschäftsmodelle auf andere Bereiche übertragen zu können, ohne hohe zusätzliche Investitionen oder Fixkosten zu haben.

Zu Beginn eines Startups braucht es Geld. Nur erhält man zu diesem Zeitpunkt nur in den seltensten Fällen den geliebten Mammon. Das Anfangskapital muss meist in der eigenen Tasche gefunden werden. Da es zumeist nicht ausreicht, müssen Freunde und Verwandte angepumpt werden. Erst danach, wenn also schon die Idee gereift ist oder gar ein Prototyp vorhanden ist, müssen Venture-Capitalists oder Business-Angels geangelt werden – was auch kein Zuckerschlecken ist.

Die einfachste Finanzierungsform ist das Bootstrapping. Gründer finanzieren ihr Businessmodell komplett auf eigene Faust. Das eignet sich freilich nur für wenige Ideen. Der Begriff Bootstrapping stammt aus dem Englischen und heißt Stiefelriemen – eine Anspielung auf den Lügenbaron Münchhausen, der sich selbst an den Haaren aus dem Sumpf zieht.

Über Banken, etwa die Kreditanstalt für Wiederaufbau, KfW, kommt man relativ leicht an ein Startgeld für Gründungsvorhaben. Eine Förderung bis zu 18 000 Euro erhält man, wenn man Bezieher von Arbeitslosengeld I ist, weitere Förderprogramme nennt das Portal des Bundesministeriums für Wirtschaft und Energie, wobei es hier meist um Darlehen mit günstigen Konditionen oder Zuschüssen geht.

Relativ früh öffnen Business-Angels ihre Geldbeutel, um in Startups zu investieren. Daneben beraten sie die Unternehmen und stellen ihre Netzwerke zur Verfügung. Kontakte sind anfangs meist mehr wert als Kapital. Für Business-Angels ist das Risiko der Investition gigantisch – für sie oft eine Art Spielgeld. Das heißt, dass sie nicht zu viel Geld auf eine Zahl, sprich, ein Startup setzen. Um einen Business-Angel zu finden, kann man über deren Dachverband gehen, das BAND, Business Angels Netzwerk Deutschland. Für den ersten Schritt reicht das Ausfüllen einer Seite, dem »One Pager«.

Venture-Capitalists beraten Jungunternehmer ebenso und handeln Geld gegen Firmenanteile aus. Investoren erwarten über den jeweiligen Entwicklungsstand von Startups freilich konstante Berichterstattung. Venture-Capital wird auch noch im relativ frühen Stadium in ein Startup investiert, was auch hier als extrem großes Risiko angesehen wird. Mit dem Risiko steigen allerdings auch die Zinsen der Geldmittel.

Immer beliebter wird die Finanzierung durch Crowdfunding. Hier ist weniger Rechenschaft notwendig als bei Business-Angels oder Venture-Capitalists. Crowdfunding setzt sich aus einer Art Spenden der Bevölkerung zusammen. Als Gegenleistung reicht oftmals eine Postkarte vom Produkt, oder, je nach Idee, vom Prototypen eines fertigen Produktes.

Schließlich gibt es noch den Inkubator, der ein Startup mit Venture-Capital fördern kann, der allerdings eher für Büroräume und eine entsprechende Büroinfrastruktur sorgt. Auch bei der Analyse hilft der Inkubator.

Accelerator-Programme, die schwer in Mode kommen, werden oft von Universitäten angeboten, aber auch von Unternehmen. Ähnlich wie beim Inkubator geht es hier darum, einen Mentor zu stellen, der ein Startup betreut – gegen Anteile an das kapitalgebende Unternehmen oder die Universität. Als eines der großen Accelerator-Programme gilt der German Accelerator. Mit Deutschland hat er scheinbar wenig zu tun: Er sitzt in Palo Alto, also im Silicon Valley. Er soll aber deutschen Startups dort die Türe öffnen.

Phasen eines Startups

Wann welche Gelder aus welchen Ecken fließen, wird am ehesten deutlich, wenn man sich die Phasen eines Startups anschaut. Diese werden gerne mit einer Achterbahnfahrt verglichen. Denn bei einem frisch gegründeten Startup geht es nicht immer nach oben.

- Ideen- und Orientierungsphase: Ob beim Warten auf ein Taxi in Paris, ob bei einer Mieterhöhung oder im Studentenwohnheim, plötzlich macht es klick – und eine Idee ist da. Gemeinsam mit den engsten Freunden gedeiht diese Idee, wird um Nuancen angereichert, nimmt Formen an. Was meist vergessen wird, ist die Recherche, ob es diese Idee nicht schon irgendwo auf der Welt gibt. Viele potenzielle Gründer verschließen leider gerne die Augen vor den Schwachstellen ihrer Idee: Sie sehen nur das Gute – das kann allerdings sehr teuer werden und in einem finanziellen Desaster enden. Bedacht werden sollte gleich zu Beginn eines solchen Projekts, wie viel Zeit und Arbeit investiert werden kann, wie viele Wochenenden und Feierabende geopfert werden müssen. Je nach familiärer Situation ein Risiko, auch für die Familienplanung.
- Planungsphase: Der Businessplan muss erstellt werden, auch wenn viele Startups glauben, sie kämen ohne diesen umständlichen Plan aus. Das Marktpotenzial muss eruiert werden, Zielgruppen müssen definiert werden. Ein Zeitplan ist ebenso notwendig wie ein erster Kapitalplan.
- Seed-Phase: Spätestens jetzt geht es ums Geld. Seed steht für den Samen, der von Geldgebern gesät wird. Entsprechend ist das die Frühfinanzierungsphase, bei der es zunächst nur darum geht, den Businessplan zu prüfen – und vor allem auch danach, ob er einer Markt-

analyse standhält. Es geht zudem um die Wahl von Rechtsform, Standort und Preismodell. Ein großer Teil von Startups gerät bereits jetzt ins Schleudern, denn so langsam muss endlich Geld her. An Privatvermögen kommt man meist nur schwer, und öffentliche Fördergelder brauchen ihre Zeit – oder man erfüllt auch deren Kriterien nicht.

- Gründungs- oder Startup-Phase: Erst jetzt spricht man von der Unternehmensgründung. Bisher war also alles noch irgendwie ein Spiel, nun wird es ernst. Das marktreife Produkt muss so schnell wie möglich fertiggestellt werden, dann heißt es: Rollout, nichts wie raus auf den Markt. In dieser Phase geht es auch um Lösungen für den Vertrieb, um die Möglichkeiten für die Produktion und, was auch oft vernachlässigt wird, um Marketingkampagnen. Dabei muss, wenn alles zum Fliegen kommt, jede Menge Bürokratie erledigt werden, etwa Gesellschaftervertrag, Versicherungen, Kontoeröffnungen, Stammkapitaleinzahlung, Firmenbucheintragung, Gewerbeanmeldung, Meldung beim Finanzamt et cetera. Es ist eine für Startups sehr heikle Phase, da an allen Ecken und Enden Rechnungen aufpoppen, aber noch zu wenig Geld reinkommt. Deshalb sind externe Geldgeber absolut notwendig.
- Aufbauphase oder Emerging Growth: Der Vertrieb muss nun massiv ausgebaut werden, um eine rasche Marktdurchdringung zu ermöglichen. Von dieser Wachstumsphase hängt ab, wie viel Platz man potenziellen Mitbewerbern lässt. Jetzt gilt es, so schnell wie möglich die Gewinnzone zu erreichen.
- Wachstumsphase oder Expansion: Erst nach erfolgreicher Durchsetzung im Markt müssen weitere Schritte durchgeführt werden, um zu expandieren. Dabei kann es um eine Vergrößerung einer Produktfamilie gehen oder um

weitere Details, wie einst bei Facebook der Like-Button. Auch jetzt ist Bürokram notwendig: CRM-Systeme müssen implementiert werden, der Vertrieb muss ausgebaut werden, Mitarbeiter müssen gesucht und womöglich verabschiedet werden.

↑ Exit: Der möglichst schnelle Börsengang oder ein lukrativer Verkauf von Geschäftsanteilen oder dem gesamten Unternehmen werden von Startups angestrebt. Das zeigt, dass Startups per se nicht als ein nachhaltiges Geschäftsmodell geplant werden, sondern zum Kassemachen.

Bei sämtlichen Phasen haben wir nur an der Oberfläche gekratzt. Aber eines müsste dabei klar geworden sein: Ein Startup zu gründen, ist nicht leichter als ein klassisches Unternehmen. Oft wird eine Geschäftsidee ja auch nur Startup genannt, um leichter an Geld zu gelangen. Das mag in der Tat gelingen. Aber einfach mal so nebenbei ein Startup zu launchen, ist definitiv alles andere als einfach.

Wäre es so leicht, ein Startup in die Wege zu leiten, wären die Erfolgsaussichten deutlich höher. Da aber der Irrglaube besteht, es sei so einfach, ist die Fail-Quote deutlich höher als bei normalen Unternehmensgründungen.

»Stellt euch vor, ihr habt eine Geschäftsidee. Und die ist so innovativ, dass bei der Gründung eigentlich nichts mehr schiefgehen kann. Doch dann kommt die Bürokratie dazwischen. Und alles ist schwieriger als gedacht«, beschrieb *Lead-Digital.de* am 2. Juli 2018 den schweren Anfang eines Startups. Und berichtete über ein Startup, das genau dazu ein Startup gegründet hatte. Ein Startup, das anderen Menschen helfen will, ein Startup zu gründen: Firma.de.

Dritte Lüge:

Das Silicon Valley ist der neue Garten Eden

Auf Pilgerfahrt

Es gilt als Urknall aller Startups, als die Wiege einer neuen Kultur, als Inbegriff neuartigen Unternehmertums: das Silicon Valley in Kalifornien. Eine ländliche Gegend unweit von San Francisco soll das weltweite Zentrum der Startup-Bewegung sein? Nur weil hier ein paar Garagenfirmen groß geworden sind? Hewlett-Packard zum Beispiel, als das Wort Startup noch gar nicht existierte. Auch die Zentralen von Facebook, Google und Airbnb befinden sich in dieser Region.

Was macht es aus, das Silicon Valley? Wieso ist es weltweites Vorbild aller Unternehmen, so scheint es? Woraus besteht dieser Nährboden von Startups? Und warum orientieren sich Manager aus aller Welt ausgerechnet an den Einhörnern, den Unicorns, die einst als Startups entstanden sind? Welche Werte stehen für das Silicon Valley? Ist es wirklich der neue Garten Eden, nach dem man sich sehnt?

In den vergangenen Jahren ist es eine richtige Modeerscheinung geworden, ins Silicon Valley zu reisen. Diese Ausflüge erinnern an Butterfahrten mit Heizdeckenverkauf für ängstliche Manager, die die Angst in sich spüren, den Anschluss zu verlieren. Daher fliegen jene Leichtgläubigen auf diese Pilgerausflüge. Ja, es ist ein Reiseboom für das Management ausgebrochen. In Kleingruppen von bis zu zwölf Menschen lässt man sich durch die Zentralen von Google, Facebook und etlichen noch unbekannten Startups schleusen, um ehrfurchtsvolle Gefühle zu tanken.

Es gibt inzwischen Manager, die dort richtig eintauchen wollen, nicht nur für drei bis fünf Tage, um zwanzig Startups zu besichtigen. Hochkaräter wie die Allmächtigen des Axel-Springer-Konzerns gehörten zur Vorhut dieser Idee. Ex-*Bild*-Chefredakteur Kai Diekmann etwa begab sich mit zwei weiteren Kollegen des Medienhauses im Jahr 2012 für zwölf Monate in dieses Digital-Lourdes und glaubte, den Heiligen Gral gefunden zu haben. Seinen dunkelblauen Anzug tauschte er gegen eine textile Schafzüchterausstattung mit Kapuzenpulli, dazu ließ er sich einen ungepflegten Bart wuchern und eine echte Nerd-Brille schmieden. Seine womöglich Budapester Maßschuhe ersetzte er durch Leinenzeug. Der »Austauschschüler«, so die *Süddeutsche Zeitung*, habe dort mit den richtigen Leuten gesprochen, die die richtigen Ideen haben und den richtigen Spirit. Diekmann habe dort Menschen erlebt, die keine Probleme sähen, sondern Herausforderungen, zitiert ihn die *Süddeutsche* am 3. Juni 2013. Ideen würden hier innerhalb weniger Tage Realität, während in Deutschland die Bedenkenträger so manches blockieren würden. Er wirke, schreibt die Zeitung weiter, so als sei er ein Austauschschüler, der sich in das Land verguckt habe.

Und so vergucken sich mehr und mehr Manager in das Land, das nur aus Garagen zu bestehen scheint, in denen ein Startup neben dem anderen brütet. Verbände wie der VDZ (Verband Deutscher Zeitschriftenverleger) oder der GWA (Gesamtverband Kommunikationsagenturen) jagen die Chefs der Nation durch das westlichste Amerika. Es gibt längst Werbeagenturen in Deutschland, die mit sämtlichen Mitarbeitern für ein verlängertes Wochenende ins Silicon Valley jetten, um ihre Eindrücke auf allen sozialen Kanälen zu posten. Diese Eindrücke bestehen vor allem aus Sprüchen, die an Wänden stehen, aus Fotos von Teslas mit lustigen Nummernschildern oder aus Käsekuchen-Erfahrungsberichten aus der Cheesecake-Factory. Schmatz!

Aber was hat das Ganze denn mit Startups zu tun? Was findet man dort denn wirklich, im heiligen Tal des Digitalen? Fortschritt, Zukunft, Silicon Valley? Ist der Silicon-Valley-Code so einfach? Wollen wir doch mal sehen, wie an der US-Westküste das Morgen programmiert wird. Und unternehmen wir selbst eine Recherchefahrt ins Morgen-Land, in das Silicon Valley, mit einer Gruppe von Verlagsmanagern, organisiert vom VDZ:

Wer im Silicon Valley »Blockchain« und »Artificial Intelligence« in einem ersten Satz garniert mit »Algorithmen«, »Augmented Reality« und »Voice-Service in Realtime«, der sagt, frei übersetzt: »Hi.« Längst sind einige der Begriffe, die zwischen San Francisco, Mountain View und Menlo Park wie überzüchtete Gäule verantwortungslos heruntergeritten werden, auch hierzulande nicht mehr frisch. Und trotzdem sieht sich das oft kindsköpfige Management mit Millionen-Einkommen, schnittigem Tesla und kleiner 5000-Dollar-Mietwohnung als Vorreiter oder gar als digitaler Herrscher der Welt.

Womöglich zu Recht, wenn man bedenkt, dass all diese Weltfirmen wie Google, Facebook, Apple, LinkedIn, Airbnb und Endlosweiter in einem Radius von nicht einmal 30 Meilen voneinander entfernt liegen. Nicht in einem Tal, wie der Begriff »Valley« fälschlicherweise vorgibt. Das ist schon mal die erste Lüge, die hier offensichtlich wird.

Das Nichttal liegt an der südlichen San Francisco Bay Area, die sich bis ins rund 70 Kilometer entfernte San José erstreckt, nicht am wilden, inspirierenden Pazifik, sondern an der zahmen Bucht im Landesinnern. Das geografische »Valley« beginnt erst südlich von San José in Richtung Hollister, also jenseits des Silicon Valley.

Einzige Lebensader zwischen San Mateo, dem Menlo Park von Facebook bei Palo Alto, Googles Domizil in Mountain View und Apples Heimat in Cupertino ist, so scheint es, der Highway 101, ein meist stehendes Fahrvergnügen auf einer der sechs Spuren je Richtung. Der Stillstand nehme zu, heißt es, wo »Valley« nicht die einzige Lüge ist. Alle paar Kilometer steht eines der unzähligen E-Autos am Randstreifen.

Außer den unfreiwillig stehenden E-Autos sieht hier nicht wirklich viel nach Zukunft aus. Der Highway ist heruntergekommen, die Hügel sind sonnenverbrannt, die sichtbare, in der Landschaft verstreute Architektur unaufgeregt, eher bieder, langweilig, unmutig. Mal tauchen aus dem Nichts Büroblöcke von Oracle auf, mal ein riesiger blau-gelber Ikea-Würfel, nichts ist hier anders als in Ludwigsburg-Tamm oder in Walldorf oder Wiesloch, wo SAP haust.

Und doch weiß man, dass hier, im sogenannten Silicon Valley, momentan alles auf Zukunft programmiert ist. Und das wird auch noch eine Zeit lang so bleiben. Allein das Vorbild aller Startups, GAFAM, also Google, Amazon, Facebook, Apple und Microsoft, kommt auf 600 Milliarden Dollar Umsatz und ein Ergebnis von über 100 Milliarden, was mit mangelhafter Steuermoral natürlich leichter zu schultern ist. Kurz am Rande: Amazon und Microsoft sind in und bei Seattle zu Hause, also rund 1300 Kilometer nördlich vom Valley – noch so eine Unschärfe, die man gern stehen lässt.

Das Las Vegas der Investoren

Was heute vom Silicon Valley in alle Welt getragen wird, vergleichen Siliconianer oft mit der Erfindung des Buchdrucks im Jahre 1450 durch Johannes Gensfleisch, der sich den Markennamen Gutenberg zugelegt hatte. So fühlt sich jeder, der hier meist nur befristet arbeitet, wie ein O von Google oder Facebook, also als tragendes Element des Systems – auch wenn er weder bei Google noch bei Facebook beschäftigt ist.

Die Stimmung in den verschiedenen echten Startups ist sehr unterschiedlich. Manche haben schon einige Finanzierungsrunden hinter sich, wirken abgebrüht, haben beruhigende Gelder auf ihren Konten, sodass ihre Zukunft noch auf Monate gesichert scheint, also womöglich auf zwei bis drei Monate. Andere kämpfen, haben sich irgendwo eingenistet, bei einer anderen Firma, mimen ein glückliches Gesicht zu einem offensichtlichen Desaster. Die Glut der Begeisterung ist hier oft schon erloschen. Wieder andere präsentieren ihre Ideen voller Überzeugung, prophezeien exponentielles Wachstum, demonstrieren ihre Geschäftsidee als die Lösung sämtlicher Weltprobleme, mieten sich schon Bunker, um ihre Goldbarren zu lagern, und haben noch nicht einmal einen Abfalleimer im Büro, das aus Palettenmöbeln besteht.

Jeder Gründer, der es geschafft hat, der Millionen oder gar Milliarden scheffelt, ist ein Popstar und wird entsprechend gefeiert, darunter ein Uber-Chef Travis Kalanick, dessen Vermögen noch auf über 5 Milliarden Dollar geschätzt wird, zulasten der dahinsiechenden Taxizunft und zulasten der eigenen Uber-Fahrer, die es auch bei täglich zwölf Stunden Arbeit laut *FAZ* nie auf 4000 Dollar monatlich bringen können. In mehr als 600 Städten war Uber schon 2018 unterwegs, allerdings stößt die Expansion immer öfter an Grenzen. In Israel etwa dürfen nur noch Personen mit Taxilizenz Passagiere befördern – und das in der gründerfreundlichen Region von Tel Aviv.

Silicon Valley ist längst das Las Vegas der Investoren. Startups geht es nicht um die nachhaltige Produktidee, sondern um den Bluff, um rouge ou noir, darum, Geldgeber zum Geldgeben zu animieren. Und denen geht es nur um die maximale Mehrung des Gewinns. Hätte George Orwell die Fantasie gehabt, sich Kapitalismus mit völlig überdrehten Mechanismen auszudenken, hätte er das Silicon Valley erfunden. 27 Milliarden Dollar stopfen Venture-Capitalists in 1400 Unternehmen pro Jahr; in Deutschland steht 900 Unternehmen lediglich eine einzige nette Mrd. Euro zur Verfügung.

Zur Erinnerung: Wir sind hier im Silicon Valley immer noch auf der Suche nach der Antwort, was denn das Gute hier ist, das

Vorbild aller Startups, an dem auch wir unsere ganze Wertschöpfungskette ausrichten wollen.

Ein Venture-Capitalist wie Pat Kenealy vom renommierten Ridge Ventures, dem einstigen IDG Ventures in San Francisco, prüft jährlich rund tausend Startups und junge Gründer. Er ist bekannt dafür, dass bei ihm das Geld besonders locker sitzt. In 91 Unternehmen hat er 2017 investiert, darunter sind Firmen, die Anti-Adblocker-Software auf den Markt bringen oder auch mal einen innovativen Büstenhalter. Der Unterschied, Gelder in irgendwelche Unternehmen an der Börse zu investieren, erscheint gleich null.

Was all die Erfinder in den Startups eint: dass niemand mehr mit seinem Namen für die Qualität seiner Geschäftsidee bürgt. Ein Werner Siemens, ein Gottlieb Daimler und Carl Benz, ein Claus Hipp, aber auch ein Richard Gruner und ein John Jahr bürgte mit seinem Namen. Der spielt im Silicon Valley keine Rolle, kein Mark Zuckerberg, kein Stewart Butterfield traut sich das, denn Flickr, Slack und Facebook sind wie einarmige Banditen, Slot-Machines, die das schnelle Geld machen wollen. Fast alle Neugründungen tragen Neologismen als Markennamen, coole Buchstabenkombinationen, die meist keinen Sinn ergeben oder das Akronym eines umständlichen Erklärungsversuchs sind, wie »Searchable Log of All Conversation and Knowledge«, kurz Slack.

Und vor all diesem viel zu engstirnig, da rein digital denkenden Machwerk fürchten sich Unternehmer oder gar Medienhäuser aus aller Welt? Natürlich kommt man sich als Verleger vom Niederrhein ziemlich klein und unattraktiv vor, wenn man sieht, wie viele Menschen die Silicon-Medien erreichen, obwohl sie überhaupt keinen Content erstellen. Wie viel Werbeumsätze sie machen, obwohl sie weder qualitativ hochwertige noch schadstoffarme Umfelder garantieren können. Hier wird nicht aus dem Glas getrunken, sondern aus dem Fass gesoffen. Und so ist es eine Art digitale Trunkenheit, die vom Silicon Valley aus die ganze Welt zum Taumeln bringt.

Wieso aber lässt sich ein Daimler, ein Siemens, eine Deutsche Bahn vom Startup-Wahn infizieren? Ist es der Coolness-Faktor? Die Faszination für das schnelle Geld? Ist es der totale Kapitalismus, der sich hinter kostenlosen Schokoriegeln, die jedes Startup in Massen offeriert, und dem scheinbar hierarchielosen Du versteckt?

Disneyland Facebook

Gehen wir mal hinein, etwa in die Zentrale von Facebook in Menlo Park. Der bunte Gebäudekomplex ist umringt von einem riesigen Parkplatz. Die zwei- bis dreistöckige Architektur in der Mitte wirkt wie ein Einkaufszentrum, ist aber tatsächlich von Disneyland inspiriert. Facebook-Geschäftsführerin Sheryl Sandberg, die auch im Verwaltungsrat von Walt Disney sitzt, hat hier angeblich ihre Kontakte spielen lassen. Ja, alles so schön bunt hier! Ein bisschen fühlt es sich an, als sei man ein Kind im Spielparadies eines Möbelhauses. Man hört förmlich die Lautsprecherdurchsage: »Der kleine Mark möchte aus dem Kinderparadies abgeholt werden …«

Das relativ kleine Foyer ist lichtdurchflutet. An einer hohen Wand hängt ein Kunstwerk, das den Eindruck erweckt, als sei es dreidimensional – eine Täuschung. Gegenüber einer kleinen Couch ein Screen an der Wand. Hier laufen nonstop Werbefilme über Facebook. Beispielhaft werden Kleinstunternehmer gezeigt, die es dank Facebook zum Erfolg gebracht haben. Menschen aus aller Welt. Alle lächeln, alle sind froh, alle lieben sich.

Wie bei allen Firmen im Silicon Valley muss man sich via bereitgestelltem iPad als Besucher registrieren. Facebook ist auf Massen von Besuchern eingestellt. An der dritten Wand reihen sich fünf befestigte iPads, da geht die Registrierung fix. Eine Gruppe nach der anderen wird durch das Social-Media-Zentrum geschleust. Eine Manege für Manager, aber auch eine Art Zooführung für Startup-Starter, die sich mit großen Augen vorstellen, wie in wenigen Jahren Touristenströme durch ihre eigene Firma geführt werden.

Eine Art Fußgängerzone schlängelt sich zwischen großzügig platzierten Gebäuden. Wer Dave Eggers' *The Circle* gelesen hat, befindet sich plötzlich auf Seite 25. Oder 125. Oder 225. Mitten im Buch, bei der Erkundung des scheinbar freigeistigen Unternehmens. Eis essende junge Menschen, Coffee-to-go-Holer, fröhliche Gesichter überall, aus aller Herren Länder. Das wirkt sympathisch – alle gut drauf wie in den tausendfach gelikten Kurzvideos auf Facebook. Ach ja, Durchschnittsalter der Mitarbeiter: 28 Jahre.

Wie in allen Büros in der Bay Area und in San Francisco schweben auch hier überall Luftballone über den Schreibtischen, die meisten in Form einer Eins. Anerkennung für ein Jahr Mitarbeit, ein Jahr Freundschaft. Vereinzelt finden sich auch Zweier über den Tischen, die Drei hat Seltenheitswert, für eine höhere Zahl scheint es keinen Markt zu geben. Zehntausend Mitarbeiter soll Facebook hier beschäftigen, mehr als doppelt so viele weltweit. Alle halbe Jahre wird jeder überprüft. Ob er oder sie genügend geleistet hat. Hire und fire geben sich täglich die Hand. Die jungen Menschen empfinden das als fair. Soll das Vorbild für Europa sein? Vorbild für Startups? Die Hire-fire-Fairness?

Facebook nimmt Journalismus sehr ernst. Und die Reform seines Werbesystems. Das wird unserer Gruppe versichert. Moment mal, geht es hier wirklich um ein Wertesystem? Das »Journalism Project« jedenfalls ist ein unternehmensweiter Vorstoß. Nicht wirklich neu, schon im Jahr 2017 angeschoben, als nach der US-Wahl Facebook mit der Verbreitung von Fake-News in die Kritik geriet. »Die US-Wahl war für viele Menschen ein Weckruf. Auch für uns«, erklärt Facebook-Manager Peter Elkins-Williams. Mal sehen, wie viele Taten diesen Worten folgen werden.

Der Schutz vor Diffamierung, Betrug und Spam gilt jedenfalls als die momentan größte Challenge. Ha, »Challenge«, Herausforderung, da haben wir es wieder. Auch so ein Buzzword, das hier zu Hause ist. Absolut alles ist Challenge, vor allem jedes

Problem. Aber im Silicon Valley wurde das Wort »Problem« aus dem Wortschatz gestrichen. Also bleibt nur noch Challenge – für alles. Jedes Startup ist Challenge und kennt nichts als Challenges.

Nachdem uns Facebooks »Beverage of the month«, Hansens Mandarin Lime aus der Dose, serviert wurde, gehen wir an einer hauseigenen Druckerei vorbei, in der sich Mitarbeiter Motivationsposter oder Postkarten drucken lassen können. Auch Batches kann man hier gestalten. Am beliebtesten sind Sprüche wie »Be bold« (sei mutig), »Be open« (sei offen) und »Move first« (mache den ersten Schritt). Diese Poster und Postkarten sind überall aufgehängt. Schon am Haupteingang kleben Massen dieser Sprüche hinter dem Empfangsschreibtisch an der vierten Wand des Foyers. An Computerbildschirmen, Säulen, Türen, überall diese unheimlich sinnstiftenden Worte. Komisch eigentlich, dass ausgerechnet eine der weltweit größten Internet-Companies eine hauseigene Druckerei pflegt – und dass die Mitarbeiter, die in ihrer virtuellen Welt leben, diese Haptik annehmen.

Ein paar Schritte von der Motivationsposterdruckerei findet sich eine Spielhölle. Freier Eintritt für alle Mitarbeiter. Hier sieht es aus wie im Hinterzimmer einer Dorfkneipe, es müffelt. An allen Ecken stehen kostenlos Getränke und Süßigkeiten bereit, Müsli und Obst. Allein der ansässige Friseur gleich neben dem Spielvergnügen verlangt für seine Arbeit Geld.

Um Geld, so wirkt es, geht es bei Facebook nicht. Hier ist alles Spielvergnügen und multilaterales Konsenslächeln. Und doch kriegt jeder, was er verdient. Eine Gruppe mit Startup-Fiebrigen wird eine Art Crashkurs mit Geschäftsmodellen erhalten. Und so spricht Ben Peskore, Product Marketing Manager bei Facebook, in der Verlegergruppe, mit der ich unterwegs bin, über »Publisher Monetizing«, über »Instant Articles«, über »Direct Sold«, über »Audience Network« und über »Branded Content«. So geht also Zukunft? Klingt an sich recht banal, oder? Die bei Facebook müssen es ja wissen. Facebook-Manager müssen so etwas Ähnliches sein, was man andernorts Gott nennt, oder nicht?

Zurück auf dem großzügigen Gelände scheint alles so friedlich. Die Sonne grüßt, die Menschen scheinen endlos Zeit zu haben, das Digitale scheint wie weggebeamt. Der Campus wirkt draußen wie eine Mischung aus Amish People und mormonischer Glaubensgemeinschaft. Auf einer braunen Grünfläche predigt ein Hinweis: »Flowers are your friends.«

Google, ein Arbeitslager für Strafgefangene

Nicht alle Unternehmen dieses Landstrichs wirken so peaceful. Google im nahen Mountain View etwa kommt mit seiner strengen Architektur martialischer daher, fast wie man sich die moderne Variante einer KGB-Zentrale in Moskau vorstellen würde, oder so, als würden von hier die grauen zeitraubenden Männer von Momo stammen. Ein Bruch dann im Innern, wo Architekten mit dem bunten Google-Design spielen. Willkommen im nächsten Kinderparadies.

Googles Adresse, Amphitheatre Parkway, steht bereits auf dem Ausfahrtsschild über dem Ortshinweis Mountain View am Highway 101. Der Unternehmenssitz heißt Googleplex, ist ein Kofferwort aus Google und Complex, aber auch eine Anspielung auf Googolplex, also die Zahl 1 mit 10 hoch 100 Nullen. Dass Douglas Adams in seinem Roman *Per Anhalter durch die Galaxis* schon 1979 den Begriff »Googleplex Starthinker« verwendet hat, sei nur am Rande vermerkt. Ebenso, dass das parkähnliche Gelände ursprünglich ein Arbeitslager für Strafgefangene war.

Natürlich ist Google kein Startup mehr. Wird auch von niemandem mehr so gesehen, anders als Facebook, das noch so einen Rest der Startup-Zeit in sich trägt – und von Mark spricht, als würde er noch in Harvard studieren. Google ist erwachsen und liefert sich mit Amazon eine Schlacht. Dabei geht es nicht nur darum, dass Google sein YouTube auf Amazon-Geräten blockiert, sondern es geht vor allem um die Sprachsteuerung. Während

Amazons Alexa eine verhängnisvolle Affäre mit Cortana von Microsoft gestartet hat, so unter Nachbarn schlaflos in Seattle, will es Google allein schaffen.

»Google, sag mir alles über den Tag«, röhrt Alex Feinberg als Strategic Partner Development Manager bei Google Search in sein Smartphone. Darauf folgen Informationen über die Zeit, das Wetter und die Nachrichten. »Wir wollen den absolut hilfreichsten Service bieten«, erklärt Alex, der sich, wie alle Menschen hier, nie mit seinem Nachnamen anreden lassen würde. Dann sagt ausgerechnet der Google-Manager ein Wort, das hier wie ein Fremdkörper erscheint: »Independent.« Was, bitte schön, soll bei Google unabhängig sein? Nach welchen Kriterien sucht sich Google-Voice die Informationen zusammen? Besteht nicht das Geschäftsmodell von Google darin, möglichst abhängig Suchen zu starten – und nicht unabhängig? Abhängigkeit ist kein Suchen, sondern eine Sucht. Und das ist Google wohl inzwischen, eine Art Sucht.

Google arbeitet an einem Traum, der die Welt tatsächlich verändern würde: an Echtzeitübersetzungen. Man stelle sich vor, dass plötzlich jeder Mensch mit jedem sprechen könnte – und ihn verstehen. Das klingt schon verheißend – in einer späteren Version vielleicht auch mit Realtime-Translation zwischen Pubertierenden und deren Eltern.

Noch macht Google aber das, was der Konzern am besten kann: Daten sammeln. Der Name »Mountain View« scheint sich auf den gigantischen Berg von Daten zu beziehen, der von hier aus gesichtet werden kann. Dazu entwickelt der Konzern unentwegt Dashboards. Mit dem Project Fuse, das Matt Villacarte bei Google vertritt, wird Verlegern der Datenreichtum schmackhaft serviert. »Google will Partner für Publisher sein, um wirklich zu helfen, Geschäft zu entwickeln.« Ah, hier ist er, der Nährboden für Startups. Lasst uns hier und jetzt sofort ein Startup gründen. Wie hilfsbereit sich all diese Silicon-Visagen geben! Ja, das ist schon irgendwie vorbildlich.

Datenherz Element Data

Endlich ein echtes Startup: Element Data. Hier geht es, genau, um Daten. Alles ist Daten. Jeder Atemzug erzeugt Daten, jeder Blick, jeder Klick, jeder Tick. Der Mensch besteht nicht mehr aus Fleisch und Blut, er ist eine Summe aus Nullen und Einsen. Er hat keine Würde mehr, er hat ein Würde-er-das-tun-könnte-er-das-kaufen, er ist kein lebender Organismus, sondern ein lebender Algorithmus. Jedes Date ist eine Umarmung, eine Umarmung von Daten, eine Verschmelzung der Vergangenheit in die Zukunft. Jeder menschliche Gedanke bietet Daten für künstliche Intelligenz. Jeder Mensch wird ausgesaugt, wird zerlegt in die Bestandteile seines Seins, Daten, eine Art Mensch-Learning oder eben Machine-Learning. Nicht mehr lange, und wir sind die Roboter, die wir selbst gebaut haben.

Noch wollen uns Daten nur helfen. Sie wollen uns sagen, wie unser Leben weitergeht. Nein, nicht uns, sondern den Datenhändlern, die unser Leben an Konsumterroristen verkaufen. Das nennt sich dann so: Daten sollen so genutzt werden, dass Endverbraucher »bessere Entscheidungen treffen«. Was so freundschaftlich, lieb und hilfsbereit klingt, ist das Geschäftsmodell des Startups Element Data, das gerade ein Jahr alt wurde und im noblen Business-Vorort Bellevue von Seattle stationiert ist.

»Das Leben definiert sich aus lauter Entscheidungen«, sagt Mitgründer Cyrus Krohn, der zuvor schon zwei Startups zum Erblühen gebracht hat und zu den Top 50 politischer Digitalstrategen in den USA zählt. Seine Software saugt sich Informationen aus Telekommunikationsdaten und E-Mails, aus Social-Media-Profilen und Kreditkartennutzung zusammen und kennt damit von 97 Prozent aller Amerikaner über 18 Jahren durchschnittlich mehr als 3500 Nutzermerkmale. »Jede dieser Eigenschaften ist auf dem öffentlichen Markt erhältlich«, sagt Krohn, »und kann von jedem erworben werden.«

Über diesen Datenwust jagt Element Data eigenentwickelte Algorithmen, die konkret Menschen filtern, die unmittelbar vor einem Entscheidungsprozess stehen. Krohns Startup weiß also, wer sich demnächst einen Geländewagen anschaffen will, wer eine Reise auf die Bahamas plant oder wer demnächst schwanger sein wird. Auch die jeweiligen emotionalen Situationen werden erfasst, also ob sich jemand vom Partner getrennt hat oder frisch verliebt ist. Alle drei Monate werden die Daten aktualisiert – und lassen sich nicht, wie Krohn versichert, einzelnen Menschen namentlich zuordnen.

Rund anderthalb Jahre nach der Gründung will das Startup Element Data den Break-even erreicht haben und auf 45 Mitarbeiter gewachsen sein. Ursprünglich wurde die Software privat entwickelt, aus einer relativ simplen Art von Positiv- und Negativliste. Auch das ist typisch Startup: eine simple Geschichte über die Entstehung. Das scheint ganz wichtig zu sein, eine Alltagsgeschichte mit einer Situation, die jeder kennt. Und aus dieser Situation heraus wird ein Problem identifiziert, sorry, eine Challenge definiert – und schon ist ein Startup auferstanden.

Blickt der mehrfache Startup-Gründer Krohn aus dem elften Stock seiner Büroräume über Bellevue, kann er gleich an mehreren benachbarten Gebäuden »Microsoft« lesen, wo er früher mal gearbeitet hat. Auch das typisch für Startup-Gründer in Seattle und im Silicon Valley: Man war mal bei einer Weltfirma wie Amazon oder Microsoft, wie Google oder Facebook. Dort war man in einer Führungsposition, konnte aber nicht wirklich viel bewegen. Oder, anders gesagt, die Idee, die große, tolle, spektakuläre, sollte nicht in das Großunternehmen einfließen, sondern aufs eigene Konto einzahlen. Und so nennen Startup-Gründer gerne gleich zu Beginn eines Gesprächs die Zahl ihrer selbst gegründeten Startups. Wie bitte, Sie haben erst drei Startups gegründet? Schämen Sie sich!

Altenheim Microsoft

Neben Bellevue liegt, ebenfalls am Lake Washington mit Blick Richtung Seattle, Medina. Dort hat sich Microsoft-Gründer Bill Gates sein unspektakuläres Anwesen für knapp 150 Millionen Dollar hingestellt, Sinnbild für den Erfolg einer Einzelperson. Die Zentrale des Softwareriesen befindet sich in Redmond, rund 13 Kilometer entfernt, eine theoretische Viertelstunde, gäbe es diesen Wahnsinnsverkehr nicht.

Der Microsoft-Campus besteht aus 100 Gebäuden auf 200 Hektar, ist mitten im Wald und wirkt mit seinem mutlosen Design mit Holzelementen wie eine Ansammlung moderner Altenheime im Spessart. Die Hälfte der weltweit 114 000 Mitarbeiter werkelt hier. Es gibt eigene Buslinien und E-Taxis, um von Besprechung zu Besprechung zu gelangen.

Im Inneren der Gebäude sieht es fortschrittlicher aus: Besucher werden mit Showeffekten überrascht, einem digitalen Wasserfall, einer 3-D-Kartografie, einem animierten Cockpit und einer komplett futuristisch eingerichteten Wohnung. In dieser Zukunftswohnung herrscht absolutes Fotografierverbot. Wer hier Fotos schießen würde, könnte zu den Bildern im Ikea-Katalog nur schwer Unterschiede feststellen. Das heißt, Küche und Wohnzimmer sehen mit ihrem Ahornparkett aus wie im schwedischen Möbelhaus: postmaterialistische Syntagmen aus Naturstoffen – angereichert mit Hypertechnologie. Ein interaktives Pinboard bestellt präventiv Konzerttickets, die Vernetzung mit den Familienmitgliedern läuft automatisiert, in der Küche werden Pflanzen computerkontrolliert an einer kompletten Wand angebaut, Einkaufslisten werden erstellt, und jedes Bild ist zugleich auch Bildschirm.

Noch extremer im Wohnzimmer, wo ganze Wände zum interaktiven Screen werden, sodass Kinder die Wände virtuell bemalen können und bei Videos und Filmen ein 360-Grad-Panoramaeffekt entstehen kann. Das ist schon beeindruckend. Da sucht man geradezu Halt – und findet ihn womöglich bei den herumliegenden Zeitschriften oder den 21 Büchern, darunter *The Human Face of Big Data* oder, kein Scherz, *How to Drink*.

Der fließende Übergang zum futuristischen Büro, das Microsoft hier auch vorstellt. Ein Computer steht nicht mehr auf dem Schreibtisch, denn: Die ganze Arbeitsplatte ist ein riesiger Tablet-PC – eigentlich logisch. Auch Flipcharts sind interaktive Bildschirme, die mit anderen Konferenzräumen vernetzt werden können – und während einer Sitzung, die natürlich mit 360-Grad-Videos aus mehreren Standorten übertragen wird, dass man das Gefühl hat, im gleichen Raum zu sein, lassen sich Entwürfe, Zeichnungen, Unterlagen von allen Beteiligten während der Besprechung modifizieren. Das Ganze verknüpft mit den Sprachwundern Cortana und Alexa.

Was soll das Ganze? Was hat das mit Startups zu tun? Was will Microsoft hier sagen? Ganz einfach: Microsoft zelebriert das Morgen. Und Startups sind das Morgen. Microsoft arbeitet mit einem gigantischen Entwicklerteam in mehreren Gebäudetrakten, einer Art Startup-City als eigene Züchtung. Auch keine schlechte Idee.

Microsoft will nicht veralten in seinem öden Altersheim, es will Aufbruchstimmung demonstrieren. Und die funktioniert nur durch Öffnung, durch Kooperationen. Seit Satya Nadella vor vier Jahren Steve Ballmer nach vierzehnjähriger CEO-Herrschaft abgelöst hat, arbeitet Microsoft mehr denn je mit Partnern zusammen. Etwa mit dem Nachbarn Amazon, über den nur positiv gesprochen wird. Oder mit Adobe in Sachen Cloud. Kleine Anmerkung: Satya Nadella und Adobe-Chef Shantanu Narayen gingen in Indien in die gleiche Schule. Komisch, oder? Indien stellt man sich doch deutlich größer vor, als dass so etwas passieren könnte.

So sind die großen Themen in Redmond:

- **Mergers**, also die Zusammenschlüsse digitaler Errungenschaften.

- ↑ **Cloud**, das betrifft auch die Publishing Industry, die sich in Richtung Cloud bewegt.
- ↑ **Voice**, also Sprachsteuerung und virtuelle Assistenzen.
- ↑ **MR**, also Merger Reality aus AR (Augmented Reality) und VR (Virtual Reality).
- ↑ **Data**, das hier immer noch »neues Öl« genannt wird.
- ↑ **Artificial Intelligence**, das aktuelle Buzzword der digitalen Revolutionäre.

Um ehrlich zu sein: Auch das sind allesamt überraschungsfreie Themen. Ist das alles, was Microsoft an Zukunft zu bieten hat?

Das Microsoft-Team spielt bei den insgesamt sechsstündigen Präsentationen mit ernsthaften Zukunftsvorstellungen, etwa zur Blockchain-Technik oder zur Schaffung intelligenter Cloud-Plattformen, und unterhaltenden Elementen. Ein hauseigenes Startup hat die Run-Pee-App entwickelt, die etwa sagt, wann man bei Filmen nicht viel versäumt und auf die Toilette gehen kann. »Maschinen müssen solche Absichten erkennen können«, sagt James Whittaker, auf dessen T-Shirt »Do epic shit« steht, ein beliebtes Motiv auf Shirts an der Westküste. Das hier sei erst der Anfang, so Whittaker weiter, maschinelles Lernen würde uns helfen, Terroristen zu erkennen, dem Klimawandel gegenzulenken oder Menschen vor dem Selbstmord zu retten.

Kommunizierende Daten aus allen Bereichen zusammenzuführen gehört zu den großen Aufgaben, die sich Microsoft vorgenommen hat. Das soll auch stärker bei der Tochter LinkedIn passieren, deren Zentrale zwei Flugstunden von Seattle entfernt liegt, im Herzen von San Francisco in der 2nd Street. Ein Bau wie ein Museum, ein Foyer, wie es Guggenheim gern hätte. 11 000 Mitarbeiter in 31 Büros rund um den Globus verfolgen für ihre 500 Millionen Mitglieder in 200 Ländern den Auftrag: »Entwickle ökonomische Möglichkeiten für die globalen Arbeitskräfte«, wie Jochen Kleinknecht, ja, ein Deutscher, als Head of Business Operations sagt. Es sei die Mission von LinkedIn, »die Profis aus aller Welt zu verknüpfen, um sie produktiver und erfolgreicher zu machen«. Auch das klingt wie eine Friedens-Deklaration.

Gut, das war Marketingsprech. Spannend aber ist die bereits leise gestartete Fusion von LinkedIn und Microsoft Outlook. Dabei kann man bei jeder Mail nachgucken, wie der Absender aussieht und welchen Hintergrund er hat. Der nächste Schritt danach könnte eine Integration von Salesforce sein, heißt es bei LinkedIn.

Jugendherberge Airbnb

Schauen wir uns gleich noch ein echtes Startup an, ein Unternehmen, das als Paradebeispiel für Disruption angesehen wird, also als Zerstörer etablierter Geschäftsmodelle: Zimmervermittler Airbnb.

Was ist das Bahnbrechende dieses Modells, dieses inzwischen weltweiten Konzerns? Zimmervermittlung gab es in Berlin schon, als die Mauer noch stand. Klar, die Abwicklung über das Internet, aber das ist ja nichts Besonderes mehr. Doch wir sind ja im Silicon Valley auf der Suche nach dem gewissen Etwas, das die Magie all unseres Wirtschaftens ausmacht. Und Airbnb muss uns Antworten geben. Diese Antwort überrascht, denn das Unternehmen wagt einen wahrlich überraschenden Schritt. Der datenbasierte Konzern macht tatsächlich in Zukunft das, was Gutenberg erfunden hatte: Druck.

Erstmals hat der Vermittler von privaten Unterkünften 2017 einen Testversuch gestartet und das erste Mal ein gedrucktes Magazin in den USA herausgebracht, ein Pilotprojekt mit dem Verlag Hearst. 350 000 Stück wurden gedruckt, 200 000 davon gelten als kontrollierte Auflage, 40 000 Hefte gingen für je vier Dollar über den Ladentisch. Die Inhalte der ersten Ausgaben sollen sich ganz bewusst nicht mit Airbnb beschäftigen, sondern die Sehnsucht nach Reisen wecken, Anregungen geben, zum Träumen bewegen.

Benjamin Kasman, der den Titel Offline Production Manager bei Airbnb trägt und seit 31. August 2015 keinen Eintrag mehr auf Facebook gemacht hat, glaubt an die Idee, mit dem, wie er sagt, »Coffeetable-Magazin« die Zielgruppe von Airbnb zu erweitern und über das haptische Erlebnis zu aktivieren. Die Idee soll über spezielle Kanäle digital verlängert werden, etwa mit Videos. »Der Magazinjournalismus tut der Marke gut«, sagt er. So hatte er 2018 vier US-Ausgaben angeschoben – und dabei das Ziel vor Augen, eine Premiere in Großbritannien zu starten und in den folgenden Jahren in Europa, irgendwann weltweit. So geht also Startup?

Möglicherweise ist dieser Schritt mit dem Printmagazin ein größerer, als es auf den ersten Blick wirkt. Denn bisher wüteten Startups vor allem in der digitalen Tiefe, um in die Höhe zu kommen. Ausgerechnet der Disruptor Airbnb ist auch an dieser Stelle disruptiv unterwegs und macht Druck per Druck. Eine medienübergreifende Denkweise – und genau darin kann die Überraschung eines funktionierenden Geschäftsmodells liegen.

Inspirierend, wie das Magazin sein soll, ist auch das neue Headquarter von Airbnb, das erst 2017 fertiggestellt und bezogen wurde. Das Gebäude ist historisch sehr interessant, bekannt als Showplace Square, wo einst Möbel, Dekor und Schmuck hergestellt wurden. Hier traf sich alle Welt zum Handeln – und die Ware konnte direkt per Zug zum Hafen transportiert werden; bis heute gehen die Schienen in das geschlossene Gebäude.

Die Räumlichkeiten sind das Extremste, was San Francisco oder das Silicon Valley zu bieten haben. Jeder Konferenzraum ist anders gestaltet, Wohnzimmern aus Ägypten, Mexiko oder Schanghai nachempfunden. Es gibt Beduinenzelte oder ein Bällebad als Besprechungsraum, Orientalisches oder einen alten VW-Bus. Eine italienische Villa wurde originalgetreu nachgebaut, sogar ein komplettes Holzschiff, dessen Bug im obersten Stockwerk über das Foyer, das an New Yorks Guggenheim-Spirale erinnert, herausragt.

Airbnb ist eine Art Herberge für Jugend, für junge Menschen, die nicht an ihrem Schreibtisch arbeiten müssen. Man krallt sich seinen Laptop und seine Mitmenschen und begibt sich ins Bällebad, um freigeistig Ideen zu starten. Ja, hier spürt man etwas von der Keimzelle der Startups. Völlig unbefangen scheinen die jungen Menschen an ihre Ideen zu gehen. Es scheint kein Gut und kein Böse zu geben, nur ein Jetzt und Hier. Und das Hier könnte auch im Dort und Da sein, im Diesseits und Jenseits. Das alles spiegelt sich in der Architektur wider. So verrückt diese Innenarchitektur erscheint, so muss man zugeben, das passt perfekt zur Marke Airbnb. Warum also etwas nicht genau so umsetzen?

Krankenhaus für Roboter

Überraschend ist an der Westküste der USA nicht nur, was die Digitalriesen so fabrizieren, sondern gerade auch das, was von den kleineren Startups so kommt. Bei den noch jungen Unternehmen kann man noch am besten spüren, was die Startup-Kultur sein soll oder sein kann.

In Seattle etwa sieht es bei Synapse in der 6th Avenue aus, als stünde hier ein Krankenhaus für Roboter: Wände voller Kabelrollen in allen Farben und Größen, dazwischen eine Roboterhand. Drähte, Lötkolben, Stecker, Klebepistolen und Mikroskope, 3-D-Drucker, Pinzetten, Geräte, die an Mikrowellen erinnern. Und an zig Ecken graue Abdeckungen, die absolute Tabuzonen sind, weil an Geheimprojekten getüftelt wird. Alles sehr improvisiert, eine Mischung aus alter Werkstatt und modernster Technik. Hier basteln digitale Daniel Düsentriebs Fantasievolles.

Rund 110 Mitarbeiter treiben etwa die Gesichtserkennung voran, hier wird virtuelles Lernen, etwa von Instrumenten, entwickelt, es werden aber vor allem Dinge für das Internet der Dinge erfunden. 2017 kam zum Beispiel das Produkt Doppler One auf den Markt, eine Art Hörgerät, bei dem man per App Frequenzen aussteuern kann, unangenehme Geräusche lassen sich damit unterdrücken. Auch Ticket-Lesegeräte wurden entwickelt, die wertvolle Daten abgreifen, eine mit einer App verknüpfte elektrische Zahnbürste für Philips Healthcare, Wearables für Nike. Einmal, da brüteten die Techniker von Synapse einen interaktiven Turnschuh aus, der Schritt für Schritt Daten lieferte – ein Flop mit hohen Kosten, nach einer Entwicklungszeit von 16 Monaten.

Der Ansatz dieses technisch orientierten Startups ist beeindruckend: Es ist eine Mischung aus eigenen Ideen, die hier vorangetrieben werden, aus Experimenten, die hier durchgeführt werden, und aus einer Art Auftragsstartup. Das Startup darf befristet für Weltkonzerne Wunderdinge erfinden – als Startup innerhalb eines Startups. Für die Weltunternehmen eine Chance, mit relativ wenig Geld und äußerst geringem Risiko ein kompetentes Team rumdoktern zu lassen. Für das Startup selbst ist damit ein Grundeinkommen garantiert, das damit weniger Finanzierungsrunden braucht.

Big Brother für Exhibitionisten

Seattle und San Francisco mit dem Silicon Valley ziehen ein ziemlich schräges Völkchen an. Wer hätte einen Pfifferling darauf verwettet, dass sich jemand für das Beobachten von Gamern interessieren könnte? Das Startup Twitch kam im Jahr 2011 darauf, hat richtige Gamer-Stars hervorgezaubert, die ihre Fangemeinschaften haben. Ja, zugegeben, Startups schaffen sich zuweilen einen Markt, den niemand sonst sehen würde. Zuschauer von Computerspielen kapitalisieren? Wie kann man da draufkommen?

45 Millionen Zuschauer zählte Twitch schon nach einem guten Jahr pro Monat; Ende 2014, also drei Jahre nach Startup-Start, kaufte Amazon das Live-Streaming-Videoportal für 970 Millionen Dollar, das bis dato vor allem zur Übertragung von Videospielen genutzt wurde. »Die Leute wollen Spieler beobachten, die

es perfekt beherrschen«, sagt Kevin Lin, Co-Gründer und COO. Twitch ist ein soziales Netzwerk im Gaming-Zeitalter, entwickelt längst selbst Spiele und bietet dabei jede Menge Plattformen für Werbungtreibende, freilich zur Finanzierung. Partner können Werbung in Streams einbinden, Prime-Kunden dürfen werbefrei Spielern zusehen.

Doch aus dem Spiel ist Ernst geworden: Seit Ende 2016 ist es in der Kategorie IRL möglich, das eigene wahre Leben zu teilen und darüber Diskussionen zu führen – eine Art Big Brother für Exhibitionisten. Auch wenn in Deutschland Twitch bisher kaum bekannt ist, in den USA liegt das Unternehmen mit seinem erzeugten Datenverkehr an vierter Stelle hinter Netflix, Google und Apple.

Das Startup Twitch ist ein Beispiel dafür, dass es kontinuierlich neue Ideen an das ursprüngliche Geschäft andockt, bis hin zu Gamer-Events. Ein Beispiel dafür, dass eine Art Schnapsidee zum Fliegen gebracht werden kann, sodass der Exit für eine knappe Milliarde Dollar binnen drei Jahren geschehen kann. Im Jahr 2017 war Twitch mit 1,7 Milliarden Dollar Umsatz schon erfolgreicher im Gaming-Streaming als YouTube mit 0,7 Milliarden Dollar. Twitch beteiligt die Spieler am Umsatz. Gute Spieler haben ihre eigenen Fans, die Zuschauergelder zahlen. Bei Twitch spielen auch Popstars wie Drake oder andere Künstler mit – und generieren hier oft ein Millionenpublikum und damit Millionengewinne.

Welche Startups abgehen und welche scheitern, ist schwierig zu beurteilen. Venture-Capitalists wie Madrona Ventures in Seattle haben sich auf diese Spielwiese spezialisiert. Wobei Madrona, 1995 gegründet, zu den Dinos zählt. Es war einer der ersten Investoren von Amazon, was sicher ein guter finanzieller Grundstock war. Nach 12 Monaten wissen die Finanziers, ob ein Startup funktioniert, spätestens nach 18 Monaten wird der Daumen gehoben oder gesenkt. Ein Drittel der Startups ist ein lohnendes Geschäft, behauptet Dan Li als Mitgründer von Madrona.

Wer gut präsentieren kann und rhetorisch fit ist, hat an der US-Westküste eine große Zukunft. Wer auf die Idee kommt, Bedenken zu äußern, sagt damit: Tschüss!

Silicon-Tourismus – Lehrzeit oder Leerzeit?

Gut, das also ist das Silicon Valley. Von vielen verspottet als Sillycon Valley. Denn was ist eigentlich das Learning aus diesem Tal der Ahnungstollen? Wieso ist es die Benchmark der Startup-Kultur?

Der einstige *Bild*-Chefredakteur Kai Diekmann sprach schon damals, als er 2012 in Palo Alto war, von einer Verschiebung der Prioritäten. Seine Erkenntnis war, dass er mehr Techies in der Redaktion brauche, Programmierer statt Schreiber. Für das Schreiben seien Journalisten im herkömmlichen Sinne nicht mehr unbedingt notwendig. Denn »User-generated Content«, also vom Nutzer selbst erstellter Blödsinn, kann ja vielleicht wirklich anspruchsvoller sein als eine *Bild*-Zeitung, das könnte man aus Diekmanns Lernprozess interpretieren.

Neben den Inhalten, die von Usern selbst erstellt werden, schleicht sich eine weitere Entwicklung in der Medienlandschaft heran: Diebstahl. Elaboriert ausgedrückt wird diese Art des Journalismus als das »Kuratieren von Nachrichten« bezeichnet. Heißt: Man scannt teuer recherchierte journalistische Inhalte und macht sie zu seiner eigenen Sache – klaut sie aber nicht komplett, sondern beschränkt sich auf Kerninhalte und zitiert freundlich das Medium, in dem diese publiziert wurden. Zitieren ist ja völlig in Ordnung, aber als Geschäftsidee auf Recherche und eine Redaktion zu verzichten, um Meldungen zu kuratieren, ist am Rande der Kriminalität. Dass sich mit diesen beiden Placebo-journalistischen Formaten, User-generated Content und Nachrichten-Kuratieren, Fake-News gleich Wortbazillen noch schneller ausbreiten können, liegt auf der Hand.

Natürlich haben sich hierzu längst Startups gebildet. Smart News etwa, das allerdings seinen Urknall schon 2012 in Japan hatte und erst Jahre später in die USA kam. Smart News begnügt sich mit kurzen Nachrichten der Medien, nennt die Opfer, also die beklauten Medien, freundlicherweise Partner und gibt ihnen dafür auch ein Taschengeld. Genauer wird es im Kapitel »Japanische Gärten Eden« beschrieben, ein paar Seiten später. Ein bisschen wirkt das Geschäftsmodell so, als würde Smart News Geldbeutel mit fetten Scheinen aus der Tasche seiner Partner ziehen, um sie dann mit deren eigenem Kleingeld zu bestechen.

Noch krasser geht das Startup Circa vor, das Ende 2011 in Kalifornien loslegte. Gründer Matt Galligan sagte damals: »Wir wollen der CNN des Netzes werden.« Aha, echte Sillycon-Denke. Nur mal zum Vergleich:

- Circa soll im Laufe seiner Historie – je nach Quelle – zwischen 11 und 50 Mitarbeiter gehabt haben. Gut möglich, dass es inzwischen mehr sind.
- CNN startete 1980 mit 220 Mitarbeitern und zählt heute rund um den Globus 1500 feste und nochmals so viele freie Mitarbeiter, vor allem gut ausgebildete Journalisten. Während CNN vor Ort ist, selbst recherchiert und investiert, begnügt sich Circa vor allem mit einem: mit Abschreiben.

Ja, das Wort scheint verdammt treffend zu sein. Um im Bild zu bleiben: CNN ist quasi der fleißige Schüler, der auch noch am Abend und am Wochenende lernt und der damit gute Noten schafft. Circa macht gar nichts, setzt sich in der Klausur neben CNN und schreibt schlicht ab, um auf gute Noten zu kommen. Ist diese Sichtweise übertrieben? Mutmaßlich ganz und gar nicht. Die *Süddeutsche Zeitung* hat Circa jedenfalls mal einen Besuch abgestattet. Ein einziger Journalist saß dort am Morgen. »Man simuliert ein wenig Betrieb als eine Art Schaufenster [...]. Um Inhalte geht es nicht, wie so oft im Silicon Valley.«

Diekmann jedenfalls wollte anfangs nicht viel darüber verraten, was er aus dem Silicon Valley mitgenommen hat. Was Wunder spotteten viele darüber, dass seine Reise ein Werbegag für Axel Springer war. Natürlich schwingt hier eine Schippe Neid mit. Aber in der Langzeitbetrachtung nach Diekmanns Pilgerweg wirken die Ergebnisse mau. Welche Ergebnisse?

Einige Jahre lang wurde Diekmann dennoch als Netz-Jesuit ernst genommen. Etliche Auftritte folgten bei Fachveranstaltungen. Die Medienwelt lauschte, was der Silicon-Messias zu berichten hatte. Die Hoffnung auf kleine Zukunftsversprechen war jeweils groß. Und genau darin liegt ein wesentlicher Teil des heiligen Zaubers aus dem Silicon Valley: dass der Eindruck vermittelt wird, hier wird am Morgen gekocht, also an der Zukunft. Dabei ist es auch hier nur Wasser, mit dem gekocht wird.

Im Jahr 2017 nahm sich laut *Zeit* Diekmann vor, ein Vermittler zu werden, der »kulturelle Übersetzungsarbeit« zwischen Uber, dem taxiartigen Dienstleister aus dem Silicon Valley, und Europa leiste. Sind es am Ende doch nur Wildbart, Kapuzenpulli und Sneakers, die vom Reisewahn des Managers übrig bleiben?

Monarchistische Mechanismen im Tal der Könige

Die Denkweise, die das Silicon Valley beherrscht, sagt viel aus. Wer auf die Idee kommt, die Startup-Mentalität aus dem Silicon Valley für sozial zu halten, muss von seiner persönlichen Entwicklung her noch weit vor der Pubertät liegen und zu Dreijährigen aufschauen. Denn nur weil Facebook, Snapchat, Instagram und Co. als soziale Medien bezeichnet werden, hat die ökonomische Idee dahinter gar nichts mit sozialem Unternehmertum zu tun.

Es lohnt sich, mal in das Werk von Peter Thiel zu spicken, *Zero to One*, das ein Startup-Guru, Paypal-Mitgründer, mit Unterstützung von Blake Masters verfasst hat. Völlig ernst dokumentiert er seine politische Haltung, die Spiegelbild der Herrscher im Silicon Valley ist: »Wir bevorzugten das kapitalistische ›Krieg der Sterne‹ gegenüber dem kommunistischen ›Raumschiff Enterprise‹.«

Soziales Unternehmertum, so kommentierte der Deutschlandfunk das Buch, kanzle der Autor konsequent ab. Es lebe das Prinzip hire and fire. Das soziale Netz ist in den USA eh so großmaschig, dass jeder Mensch, der irgendwann mal Pech im Job hatte, oft keine Chance mehr bekommt, aufgefangen zu werden. Selbst ein zartes Pflänzchen wie Obamacare wurde bekanntermaßen nach kurzem Aufkeimen brutal zertreten. Und das Silicon lächelt jeden Mitarbeiter an, doch wenn die Leistung nicht kommt, lacht es jeden aus – ganz gleich, ob der Mitarbeiter tatsächlich Schuld trägt oder nicht. Dann gibt es kein Erbarmen, dann muss der Schreibtisch augenblicklich verlassen werden. Sorry, wir haben heute leider keinen Luftballon für dich!

Soziale Absicherung? Fehlanzeige! Egal, wie alt man ist, egal, wie lange man im Unternehmen mitgearbeitet hat, egal, wie stark man bisher zum Erfolg beigetragen hat. Was zählt, ist das Jetzt, und wenn das Jetzt mal kurz nichts taugt, war jeglicher Erfolg im Gestern und zählt heute nichts mehr. So wie der Mensch nichts zählt, wo der Kapitalismus seine Zähne der Macht zeigt. Eine Tischtennisplatte in den Büroräumen gleicht einer künstlichen Liane im Affenkäfig eines Zoos.

Hohe Renditen sind das wichtigste Ziel der Unternehmen im Silicon Valley. Alles andere ist, so gibt sogar Peter Thiel zu, vom Handeln her unvorstellbar. Soziale Verantwortung, aber auch Gedanken über Nachhaltigkeit, Ressourcen oder Umwelt werden ausgeklammert. Umso erstaunlicher die gelebte Scheinheiligkeit im Tesla, der fahrenden Kompensiermaschine eines schlechten Gewissens. Und so scheint es auch die Klimakatastrophe nur in einer Parallelwelt oder im Kino zu geben. Kurz: Alles, was Wirtschaft schädigt, wie Klima, Herz und Verstand, spielt keine Rolle.

Denn das Silicon Valley ist das Tal der Könige. »Man verehre und beleidige die, wie er sie nennt, modernen Könige«, heißt es im Deutschlandfunk, »Unternehmen bräuchten aber ihre Gründer, seien sie noch so exzentrisch und sonderbar.« Könige sind Monarchen, und entsprechend verehrt Thiel das Monopol – weil Konkurrenz nur minimale Gewinnspannen erlaube.

Weil es so schön ist und so wahr, erlaube ich mir, als Sinnbild für das Tal der Könige einen Ausschnitt ungekürzt aus der Deutschlandfunk-Kritik zu zitieren: »Wer die Schlichtheit innovationsgläubiger Silicon-Valley-Unternehmer kennenlernen will, der wird ganz sicher fündig. Peter Thiel und sein Koautor Blake Masters bleiben in Banalitäten stecken, in Küchenphilosophie, formulieren Leitsätze, die auf Post-it Merkzettel passen. Ihre Grafiken sind von geradezu erschreckender Eindimensionalität. Vielleicht muss man in diesem Gewerbe der Start-up-Investoren so argumentieren, müssen Analysen Twitter-Format besitzen. Die Argumentation ist jedenfalls löchrig, inkohärent.«

Zum Vergleich in Japans Garten Eden

Das Startup-Fieber grassiert nicht nur im Silicon Valley. Längst hat Israel mit der Startup-Hochburg Tel Aviv einen ähnlich hohen Stellenwert für Startup-Touristen. Und echte Profis zieht es weiter nach Singapur oder Mega-Profis nach Schanghai, also der Stadt, die eh schon viel weiter in der Zukunft angekommen ist, als es sich die ollen Westküstler mit ihren Surfbrettern in den USA nur vorstellen können.

Wer in den Westen geht, kommt vom Osten. Dieser unsinnige Spruch zeigt eines: Vor noch nicht allzu langer Zeit galt Japan als das Vorbild aller technischen Innovationen. Sony war das Apple der 1980er-Jahre mit Erfindungen wie Walkman oder der starken Marke Vaio. Fernost war Synonym für Fortschritt.

Längst hat Fernwest diesen Führungsanspruch übernommen. Das Silicon Valley gilt als weltweite Zentrale aller Deutungshoheiten digitaler Transformationen. Japan hatte es nie geschafft, solch einen immensen Einfluss in die ganz gewöhnliche Unternehmenskultur des Westens zu tragen. Und doch kommen aus Japan nach wie vor mehr Impulse als oftmals wahrgenommen werden. Angefangen von Kleidungskultur, die Apple-Gründer Steve Jobs von Sony aus Japan abgeguckt hatte und die Facebook-Gründer Mark Zuckerberg prompt übernahm. Um also zu sehen, welche Einflüsse für und von der Startup-Szene aus Japan kommen, muss auch in dieses Land der Kirschblüten ein Blick geworfen werden. Schließlich ist Tokio die größte Metropole der Welt mit rund 35 Millionen Einwohnern. Starten wir auch hier einen Versuch der Annäherung.

Orientierung ist in Tokio anfangs nicht einfach, in jeder Hinsicht. An ausreichend Beschilderungen mangelt es im Stadtteil Shinjuku nicht. Die japanischen Schriftzeichen drängeln sich massenhaft an der Decke, an den Säulen, an Wänden, sie springen einen aus allen Richtungen an. Die meisten sind digital, dazwischen blinkt, leuchtet und flackert auch mal vertraute Lateinschrift für Bruchteile von Sekunden auf. Gut dreißigtausend Menschen spült der Bahnhof Shinjuku im Westen Tokios im Berufsverkehr durch seine Ganglabyrinthe – dreißigtausend Menschen pro Minute, die wie computergesteuert durch 14 U- und S-Bahn-Linien sowie unzählige weitere Züge zwischen 36 Gleisen auf unterschiedlichen Ebenen navigieren. Als Betrachter fühlt man sich verloren inmitten dieser Massen, dieser koordinierten Hektik. 200 Ausgänge hat dieser größte Bahnhof der Welt – aber wenn man nicht weiß, wo, findet man kaum einen. Und doch ist alles aufeinander abgestimmt, perfekt organisiert.

Ist es die Perfektion, die Japan so stark macht? Ist es die Organisation, die sich auch im technischen Fortschritt so oft widerspiegelt? Welche Auswirkungen hat das auf neue Medien, welche auf Startups? Genau das ist es, was eine kleine Delegation, auch hier organisiert vom Verband Deutscher Zeitschriftenverleger (VDZ), erfahren will. Willkommen – oder vielmehr: konnichi wa – bei der Digital Publishers Tour.

Bevor Startups besucht werden, geht es mit traditionellen Medien los. Startpunkt: Asahi Shimbun-sha, ein Medienhaus, das jeden Morgen fast 7 Millionen Tageszeitungen druckt und verkauft – und abends weitere 2,3 Millionen Exemplare. Das im Jahr 1879 gegründete einstige Boulevardblatt *Asahi Shimbun* ist damit die zweitgrößte Tageszeitung der Welt, nach *Yomiuri Shimbun*, ebenfalls mit Sitz in Tokio und einer täglich verkauften Auflage von über 12 Millionen Stück, davon gut 9 Millionen morgens. Damit erzielen ausgerechnet gedruckte Zeitungen heute noch Reichweiten, von denen Startups oft nur träumen können.

Steigt man auf dem Weg zu Asahi Shimbun-sha an der Station Tsukijishijo aus, wird man vom übermütig aufdringlich-süßlichen Duft der benachbarten Fischstände des Tsukiji-Markts begrüßt, des größten Meerestierhandels der Welt. Das benachbarte, moderne Verlagshaus steht eingereiht in guter Gesellschaft zwischen Banken und Versicherungen, unweit des 48-stöckigen Agenturgiganten Dentsu. Im Eingangsbereich hängt ein großes Foto von Bundeskanzlerin Angela Merkel, die im Verlag am 9. März 2015 zu Besuch war. »Die Zeitung ist nicht tot«, sagt Ryan Takeshita gleich nach der Begrüßungszeremonie. Er leitet das Media Lab, um den Verlag in die digitale Zukunft zu führen. Man müsse die Blätter nur redefinieren, sagt er.

Auch wenn es abgedroschen klinge, sagt Takeshita, so liege der Kern des Unternehmens im »Gathering Information«. Aus diesen gesammelten Informationen erzähle man Geschichten, die dem Leser Wissen vermitteln. *Asahi* schreibe aber nicht nur simple Storys runter, sondern treibe »Data Journalism« voran, ganz gleich, ob es um die Organisation von Kindergartenplätzen geht, um Erdbebenhinweise oder Haustierinfos. Auch für die Olympischen Spiele, die 2020 in Tokio stattfinden, werden Datenbanken eingerichtet.

Nun ja, innovativ und futuristisch klingt das nicht. Doch die *Asahi*-Macher berichten noch mehr. Etwa von »Social-generated Content«, also Lesern, die über die sozialen Medien Informationen einbringen. Anders als es Kai Diekmann im Silicon Valley gelernt haben soll, möchten die Japaner keine Medien von Usern füllen lassen, sondern die Inhalte von einem Team Journalisten steuern lassen. Das ist ein äußerst relevanter und zugleich eleganter Unterschied gegenüber den US-Fake-Fabriken. Kommt also etwa über die sozialen Medien eine Frage auf, zum Beispiel, wieso die Polizeiautos immer so sauber sind, machen sich die Redakteure für die gedruckte Zeitung sogleich an die Recherche. Große Hoffnung setzt der Verlag auf eine neu gegründete Crowdfunding-Plattform. Um neue Geschäftsmodelle vorzustellen, speziell im digitalen Markt, wird das gedruckte Blatt stärker genutzt als der Onlineauftritt. Die Papierversion der Tageszeitung hat gerade für potenzielle Investoren einfach eine höhere Glaubwürdigkeit.

Ist das Zukunft, die in Japan gelebt wird? Oder Vergangenheit? Die gedruckte Zeitung als Basis, als haptische Grundlage für die Investitionen in Startups? Das kann es noch lange nicht gewesen sein, was Japan mit seiner digitalen Transformation der Medien zu bieten hat. Sicher, es fällt schon auf, dass ehemalige Weltmarken wie Sony, Technics oder Hitachi längst an Bedeutung verloren haben. Auch hier in deren Heimat.

Während das Silicon Valley ja eigentlich recht bieder und ländlich daherkommt, rein optisch, aber in den wenigen Bürokomplexen die Weltherrschaft des Digitalen gewaltvoll zelebriert, wirkt Tokio hypermodern mit – gefühlt – endlosen New Yorks, die hier nebeneinander aufgebaut wurden. Mit Hochhäusern, die sich gegenseitig übertrumpfen, mit einem Rathaus, das gleich aus zwei Wolkenkratzern besteht, mit Electric Cities, in denen es nur so leuchtet und funkt.

»Japan leidet darunter, dass sich inzwischen die alten Firmenpatriarchen verabschiedet haben«, sagt Duke Chang. So sei jetzt eine neue Managergeneration an der Macht, die mutlos sei, kritisiert er Japan ganz grundsätzlich. Chang, der beim Spielehersteller Taito für das Marketing verantwortlich ist, hat als gebürtiger Hawaiianer vielleicht den nötigen Abstand zu den Japanern, die er dennoch als seine Landsleute versteht. Er beschreibt den Japaner als pünktlich und zuverlässig. »Ihm ist die Fassade wichtig. Doch neue Ideen kann man kaum durchsetzen, denn keiner geht ein Risiko ein«, sagt er. Keiner wolle auffallen, jeder wie ein Roboter arbeiten. Um keine Zeit zu vertrödeln, würden Japaner auch so schnell gehen, sagt Chang. Und tatsächlich: Schlendert man durch einen der 23 Bezirke Tokios, umspült einen meist die Hektik von unaufhaltsamen Menschenmassen. Ständig durchpflügen rennende Männer in dunklen Anzügen die Mengen, ein gewöhnungsbedürftiges Bild.

Einzige Ausnahme, eine zenartige Entdeckung der Langsamkeit, ist die Straße Togenuki-Jizo im Norden der Stadt. Unweit der Haltestelle Sugamo zieht sich hier über Hunderte von Metern die einzige Einkaufsmeile, die Rentner zur Zielgruppe erklärt hat. Hier gibt es japanische Heilmittel jeglicher Sorte, einen Fuhrpark an Rollstühlen und trostlose Kleidung. Es ist eine Art japanisches Bad Wörishofen – das Geräusch klappernder Gehstöcke unterstreicht diese Einschätzung. Jeden 4., 14. und 24. eines Monats stauen sich die alten Menschen direkt neben der schmalen Fußgängerzone in der Tempelanlage an einem Brunnen. Die Vier steht nämlich für den Tod, und dieser soll milde gestimmt werden.

Das krasse Gegenteil des körperlichen Verfalls liegt im Osten der Stadt, direkt an der Station Harajuku. Wer in der kleinen Gasse Takeshita-Dori über 18 Jahre alt ist, fällt aus der Zielgruppe dieser verrückten Gasse, die schrille Klamotten und Hello-Kitty-Looks sowie Spontan-Tonstudios für die sangeswütige Karaoke-Kultur bereithält. In diesem Pubertier-Reservat testen Marken gern neue Produkte. Irgendwie scheinen solche Maßnahmen innovativ, aber zugleich weit weg von dem Startup-Getue. Auch in sogenannten »antenna shoppu« wird die junge Klientel als Versuchskaninchen genutzt. Ursprünglich waren Antenna-Shops vor zwei Jahrzehnten entstanden, um regionale Produkte zu promoten. Manche dieser Läden pushen Waren aus dem Gebiet von Fukushima. Jetzt erst recht.

Zielgruppenstraßen, ja, diese Orte haben sogar eigene Namen. Tokio gilt, wie gesagt, mit rund 35 Millionen Einwohnern als die größte Metropolregion der Welt – und hat keine auffindbaren Adressen, keine Straßennamen. Zu den letzten Olympischen Spielen wurden im Jahr 1964 wenige Achsen mit Namen versehen. Ansonsten ist das Auffinden von Hotels oder Büros oft Glückssache. Adressen bestehen aus einem Zahlensystem, etwa 5–3–2 im Stadtteil Tsukiji, genauer gesagt in Tokio unter 104–8011. Damit soll das Medienhaus Asahi gefunden werden. Wobei man wissen muss, dass die Nummerierung innerhalb eines Gebiets nach dem Baujahr von Gebäuden erfolgt. Dieses Manko mag die Ursache dafür sein, dass die Firmen in ganz Tokio durch Leuchtreklame auf ihren Außenfassaden versuchen, auf sich aufmerksam zu machen. Gleich gigantisch strahlenden Visitenkarten brüllen all die Namen von den Fassaden ein »Hier bin ich!«.

Irren wir mal weiter durch die Stadt, um endlich ein richtig innovatives Unternehmen zu besuchen, ein echtes japanisches Startup. Während ganze Straßenzüge mit Lautsprechern bestückt sind, aus denen laute Musik dröhnt, in jeder Metrostation kitschige japanische Musik einen beglückt, fühlt man sich wie ein Pinball inmitten eines gewaltigen Flipperspiels. Viele Menschen tragen Mundschutz, um andere vor ihrer Influenza zu schützen. Besser wäre es, sie würden Ohrenschützer tragen, um sich selber vor einem Tinnitus zu bewahren.

Genau zwischen dem Akne-Areal Harajuku und dem Shopping-Moloch Shibuya findet man den wohl bekanntesten Vertreter unter den neuen Medien: Smart News. Das Jingumae Dai Building ist leicht zu finden, wenn man weiß, dass es schräg gegenüber dem spektakulärsten Autohaus der Stadt liegt. Audi leistet sich diesen hypermodernen Glaspalast. »The Iceberg«, so der Name des 2006 eröffneten Gebäudes, kennt fast jeder in Tokio – und verknüpft damit den deutschen Claim »Vorsprung durch Technik«.

Smart News ist ein klassisches Startup. Es wirkt, als sei es in einer ganz normalen Wohnung in München-Schwabing. Eingerichtet ist es aber wie eine Kopie eines Startups in Palo Alto. Eine Snackbar am Rand, wo jeder der jungen, flippigen Mitarbeiter kostenlos Nährstoffe zu sich nehmen kann. Ein Areal, vielleicht 5 mal 10 Meter groß, wo Hängematten sind, Stoffe modern treppenartig angelegt sind, dass man sich mal hinsetzen kann. Nur cool, nicht anders. Startup-Feeling pur.

Smart News, wie vorher erwähnt, aggregiert journalistische Inhalte. Im Jahr 2012 startete dort das Unternehmen, drei Jahre später auch in den USA. In Japan arbeitet Smart News mit mehr als hundert Medienhäusern partnerschaftlich zusammen – ein Generator, der den klassischen Medien Traffic bringt. »Geld fließt dabei keines«, sagt Smart-News-Manager Atsuo Fujimura, der für das Business-Development verantwortlich ist. Das Geschäftsmodell: Die Medienpartner können auf ihrem eigenen Channel Werbung verkaufen, der Erlös gehört dann ihnen. Inmitten des generierten Contents, der sich auch verlagsübergreifend individuell sortieren lässt, findet sich Native Advertising, von Smart News selbst verkauft. Die App wurde 14 Millionen Mal geladen, bei 126 Millionen Einwohnern, und zählt mehr als 5 Millionen aktive Nutzer. Die Idee ähnelt der von Flipboard. So komplett innovativ scheint also auch Smart News nicht zu sein.

Nächster Versuch, das Japan der Zukunft zu finden: Kadokawa, ein altehrwürdiger Verlag, der gerade siebzig geworden ist, im modernen Hochhaus mit dunklen Scheiben. Hier werden die Konferenzräume nach den höchsten Bergen der Welt benannt. Als Europäer dürfen wir in den Raum Montblanc. Bei neun Führungskräften, darunter der Executive Officer Osamu Ota, und einem Dutzend Gästen dauert die Übergabezeremonie der Visitenkarten sehr lange.

Im Anschluss präsentieren die Kadokawa-Manager zwei Themen: *d-Magazine* und *Georgia*. Ähnlich wie Readly ist *d-Magazine* ein Flatrate-System für die E-Ausgaben von Zeitschriften. Während Readly in Deutschland mehr als 1300 internationale und gut 200 deutschsprachige Magazine für 9,99 Euro monatlich zur Verfügung stellt, erhält man in Japan 153 Titel von fast 50 Verlagen für umgerechnet 4 Euro im Monat.

Kadokawas zweite Innovation, *Georgia*, ein Handymagazin: Es ist ein Lifestyle-Produkt, das kostenlos jede Woche die Handys der jungen Generation flutet. Finanziert wird *Georgia*, wie der Name des Atlanta-Staats schon andeutet, von Coca-Cola. Georgia ist ein klassisches CP-Produkt für das Handy, mit bisher 1,5 Millionen Downloads. CP steht für Corporate Publishing und meint bezahlte Inhalte oder altdeutsch: Schleichwerbung. Natürlich funktioniert *Georgia* nur auf dem Smartphone. In beinahe jedem Land der Welt wäre dieser Hinweis überflüssig, doch die Japaner sind zuweilen anders als der Rest der Welt: Sie lieben nach wie vor Klapphandys. Diese werden sogar eigens für Nippon produziert. Das ist nicht gerade innovativ – aber irgendwie kultig.

In Japan wird jedes Handy – ob Klapp- oder nicht – mit einer Erdbeben-App ausgeliefert. Das ist seit 2011, dem Jahr der Fukushima-Katastrophe, Pflicht. Apps, die über die Unruhe unter den Füßen alarmieren, sind sehr fortschrittlich in Japan. Binnen 2 Minuten nach Erdstößen wird die exakte Stärke in jeder Region angezeigt, die potenzielle Tsunami-Gefahr und die genaue Lage des Epizentrums.

Erdbeben-Apps, rennende Menschen in Anzügen, fehlende Straßennamen. Tokio tickt in vielerlei Hinsicht anders. Und: Pünktlichkeit ist ein noch viel höheres Gut als in Deutschland. 3 Minuten Verspätung gelten schon als Beleidigung. Jeder Konferenzraum ist mit großen Uhren ausgestattet. Kaffee oder Tee wird Gästen so gut wie nie angeboten, an den viel zu niedrig eingestellten Bürostühlen an viel zu hohen Tischen. Stattdessen wird eine

Plastikflasche mit Wasser aufgetischt, für jeden Gast, dafür kein Glas. Ganz anders als im Silicon Valley, wo Gäste wie Könige behandelt werden und deutsche Besucher auch mal österreichisches Bier zum Frühstück gereicht bekommen: »Isn't it typical german?«

Schauen wir uns noch ein Startup an. Eines, das sich mit der Arbeit am heimischen Herd auskennt: Cookpad. Zunächst einmal sieht Cookpad aus wie ein ganz gewöhnliches Kochportal, wie *Chefkoch* etwa. Doch Cookpad hat das schärfere Geschäftsmodell. Zunächst einmal: 60 Millionen Japaner nutzen Cookpad, also jeder zweite, und das völlig kostenlos. Aber 1,7 Millionen dürfen sich Premium-Nutzer nennen: Sie zahlen 300 Yen im Monat, umgerechnet 2,40 Euro. Für welche Leistung? Eigentlich nur, um die Rezepte nach Rankings sehen zu können. Zweiter Mehrwert für die Abonnenten: Sie können bis zu dreitausend Rezepte speichern statt drei. Die Rezepte werden durch die User generiert. Symptomatisch für die Startup-Denke: Inhalte generieren sich von allein und dürfen nichts kosten. Bei Cookpad ein Volltreffer – die redaktionelle Recherche spielt bei Rezepten nun wirklich keine allzu große Rolle.

Die Kostenloskultur ist symptomatisch für Startups. Eine komische Denkweise ist das, dass sich alles von allein füllen soll, dass sich Produkte von alleine herstellen, dass Inhalte von allein entstehen. Wie viel Diebstahl sich dahinter verbirgt, wie viel Fake-News daraus resultieren, ist Investoren völlig egal.

Bei Cookpad ist der Inhalt von Usern tatsächlich brauchbar. Die Cookpad-Macher jedenfalls geben sich ziemlich umtriebig. Sie haben einen gigantischen Big-Data-Fundus, mit dem sie auf ihre Zielgruppen in ihrer jeweiligen Lebensphase eingehen können. Zudem kreieren sie Food-Hits, die oft einen Medien-Hype auslösen. Daraus wiederum erstellen sie Bücher und Zeitschriften mit diversen Verlagen. »In den Zeitschriften sind exakt dieselben Rezepte, die es bei uns online kostenlos geben würde«, berichtet Tomoya Yasuda, Head of International Business Development, und scheint sich selber etwas über diesen Erfolg zu wundern. Das Drucken von User-generated Content lohnt sich: Mehr als 6 Millionen gedruckte Exemplare wandern über den Verkaufstresen in das Buchregal. 6 Millionen, und das bereits eineinhalb Jahre nach dem Experiment mit dem Printgeschäft – das klingt ein bisschen nach verkehrter Welt.

Dabei ist Print nicht der einzige klassische Medienkanal, den die Jungunternehmer mit Küchenaffinität nutzen. Sie kooperieren mit Fernsehsendungen, sie veranstalten Events, auch mit hochkarätigen Promis, und eine eigene Award-Show. Sie verkaufen via E-Commerce beispielsweise Küchenmaschinen – und verdienen damit und mit anderen Angeboten 10 Millionen Euro jährlich, nebenher. Das meiste Geld kommt von Supermärkten, die mit Cookpad kooperieren, etwa mit Rezeptkarten, die Einkaufslisten enthalten, oder mit regional ausgesteuerten Codes und Promotionsaktionen.

Cookpad ist ein beispielhaftes japanisches Startup. Ein Unternehmen, das genau die Medienkanäle nutzt, die es braucht, ganz gleich, ob klassisch, alt oder neu. Es ist eine freie Herangehensweise an jedes Medium. Cookpad ist kein Startup-Versuch, es ist ein längst etabliertes Unternehmen, das aber aus einem unkomplizierten Startup-Denken heraus entstanden ist.

Im Mediennutzungsverhalten unterscheidet sich der Japaner ebenfalls vom Rest der Welt. Google hat hier nur eine geringe Bedeutung, man googelt quasi mit Yahoo. So etwas wie Xing gibt es nicht, auch LinkedIn wird ungern genutzt, weil man so den Eindruck erwecken könnte, man sei auf Jobsuche. Das wäre dem Japaner peinlich. Statt Whatsapp ist hier Line beliebt, das fast exakt gleich aussieht und funktioniert. Und statt YouTube ist Dwango die wichtigste Videoplattform mit 50 Millionen Mitgliedern.

Den größten Erfolg mit Bezahlinhalten im Netz feiert die viertgrößte Zeitung des Landes, *Nihon Keizai Shimbun*, bis nach Europa bekannt unter *Nikkei*. 3 Millionen Exemplare dieser Wirtschaftszeitung werden täglich gedruckt. Mit inzwischen 430 000 zahlenden Nutzern ist es Japans größte »Subscription Newssite«.

Der Anteil von Zugriffen per Handy liegt bei nur 21 Prozent. »Der PC ist bei unseren Lesern noch dominant«, sagt Yasuhiro Kunitomo, Digitalmanager von Nikkei. Das liege daran, dass die Zielgruppe Geschäftsleute seien, und die informieren sich im Büro auf dem festen Computer – bei Nikkei natürlich.

Zeitschriften werden in Tokio in jedem Buchladen verkauft – nicht so gedrängt wie in Deutschland. Aber auch in Schallplattenläden und Videotheken werden Zeitschriften an die Kundschaft gebracht. O ja, richtig gelesen: Die moderne Metropole Tokio verkauft Schallplatten, und zwar mehr denn je. Deutsche Schallplatten für umgerechnet etwa 60 bis 100 Euro pro Stück. Und Tokio hat Videotheken: Riesige Stores gibt es in jedem Stadtteil. Haptik ist wieder in.

Deutlich häufiger aber findet man Spielhöllen in Tokio. Der Spieltrieb der Japaner scheint grenzenlos. Sogar kleine Kinder spielen an einarmigen Banditen; die Maschinen für die Kids sind im Hello-Kitty-Look verkleidet. Spielehersteller wie Taito sind für die digitale Transformation immens wichtig. Ihnen ist zu verdanken, dass die Prozessoren immer schneller und die Bildschirme immer schärfer und flacher wurden.

Der Erfindungsgeist ist in Japan nach wie vor groß. In zwei riesigen sogenannten Electric Cities in Tokio werden zum Test heimlich Innovationen ausprobiert. Spielzeugläden sehen auch aus, als würden hier Tierversuche oder vielmehr Kinderversuche stattfinden. Elektronik umkreist riesige Kinderaugen. Aber in Japan ist nicht alles Startup. Große Unternehmen geben innovativen Teams viel Zeit, Raum und die finanziellen Mittel, um die Zukunft zu sichern. Die Startup-Dichte erscheint in Tokio deutlich geringer. Hier scheint nicht alles, was neu ist, zwangsstartupisiert werden zu müssen.

Japan ist an der Welt interessiert. Vielleicht lesen die Menschen deshalb dort so viel. Fast jeder Gastgeber signalisiert Interesse an einem geschäftlichen Austausch und wirkt offen, geradlinig. Keine Zeit für Show. So ganz anders als im Silicon Valley.

Vierte Lüge:

Startups verändern die Welt

Startups gab es schon immer

Er löste eine Medienrevolution aus, die binnen kürzester Zeit die ganze Welt erfasste. Es lag an der hohen technischen Qualität, zu der er durch mehrere, auch chemische, Erfindungen, etwa Legierungen aus Zinn, Blei und Antimon, kam. Im Nullkommanichts konnte man Reichweiten erreichen, Communitys aufbauen, eine bislang nie da gewesene User-Experience erlangen. Dank der Erfindung von Johannes Gensfleisch alias Gutenberg, dem Buchdruck. Ein Startup? Jedenfalls veränderte Gutenberg ab 1450 definitiv die Welt.

Er setzte an etlichen Patenten an, die das Ding bislang nur maximal zehn Stunden zum Laufen brachten. Ein Ding, das vor ihm viel zu viel Strom für zu wenig Effekt verbrauchte: Thomas Alva Edison gelang der Durchbruch für praktisch nutzbare Glühbirnen. Ein Startup? Jedenfalls veränderte Edison ab 1880 definitiv die Welt. Dass sich aus Edisons Lizenz für Deutschland unmittelbar danach die Allgemeine Electricitäts-Gesellschaft, also AEG, gebildet hatte, das sei nur am Rande erwähnt, auch so eine Art Startup, wie es die *Berliner Morgenpost* vom 20. Juni 2015 sieht: »Berlins erstes Start-up – Emil Rathenau und die AEG.«

Sie hatten in etwa zur gleichen Zeit die gleiche Idee. Was sie mit dieser Idee alles in Bewegung setzen würden, konnten die voneinander unabhängig tüftelnden Kulturen nicht ahnen, als sie vor sechstausend Jahren das Rad erfanden. Startups? Jedenfalls veränderten die Kulturen 4000 vor Christus die Welt.

Klar, so könnte man ewig weitermachen. Etwa mit der Erfindung des Automobils, das, typisch Startup, in einer Garage entwickelt wurde, von Carl Benz. Oder mit der Erfindung der Elektrizität von William Gilbert, aber auch mit Erfindung der Computer ab 1837, einem Vorläufer und Wegbereiter der heutigen Technologien, einst entwickelt von Charles Babbage und Ada Lovelace. Auch die Erfindung des Internets, dessen Vorläufer ab 1969 unter Arpanet startete und ab 1989 zur Kommerzialisierung des WWW führte, veränderte definitiv die Welt. Aber waren das alles Startups?

Klar gab es den Begriff damals einfach noch nicht. Aber, und das ist das Relevante, Ideen, die die Welt verändern, gab es schon immer. Gab es in der Steinzeit, bei den Römern und gibt es heute. Und heute wird kaum mehr ein Unternehmen gegründet, denn alles muss Startup sein.

Nehmen wir als Beispiel einmal mehr Siemens. In Berlin will der Konzern 600 Millionen Euro loswerden, vermeldete der *Tagesspiegel* am 31. Oktober 2018. Ein Campus soll entstehen, etwas Modernes, Innovatives. Freilich funktioniert Investitionssprech nur, wenn darin das Wort »Startup« vorkommt. Folglich kommunizierte Siemens-Vorturnerchef Joe Kaeser, dass man die Siemensstadt auch für Startups und Universitäten öffnen wolle. »Hier in Deutschland, gerade in Berlin, gab es Gründungen schon, da gab es in Silicon Valley noch gar keine Garagen«, so Kaeser aus einer Mischung von Neid, Recht und Wissen.

Was sind denn alte Geschäftsmodelle, und was ist ein Startup? Worin besteht der Unterschied zwischen Alt und Neu? Ist Zeitung alt, weil sie vor fünfhundert Jahren erfunden wurde? Ist nicht gerade die Zeitung mit ihren Websites, Apps und Nachrichtenströmen auf allen Kanälen, Facebook, Instagram, YouTube, Podcast und so weiter ein Paradebeispiel für eine gelungene digitale Transformation? Für die Gründung eines Startups nach dem anderen? Zeitung, von der Idee her, ist eine Art Whatsapp des Mittelalters. Der Begriff »Zidunge« hieß nichts anderes als Kunde, Nachricht oder Botschaft. Zu Neudeutsch: Messenger. Na, macht es nun klick?

Also, noch mal: Was genau ist ein Startup? Zu Beginn dieses Buchs gab es ja schon Definitionsversuche. Aber, mal ehrlich, heute gründet jeder nur noch Startups.

Die Anti-Digital-Bewegung im wahrsten Sinne des Wortes sind die Fidget-Spinner. Nennt sich ebenfalls Startup, inzwischen. Ursprünglich hatte die Amerikanerin Catherine Hettinger dieses sich drehende Fingerspielzeug 1993 als Patent angemeldet. Damals hatte sie noch die Hoffnung einer Art Unternehmensgründung, doch 2005 gab sie das Patent auf.

Im Jahr 2017 ging es dann ab, erst in den USA, dann in Europa. Millionen von diesen Drehdingern wurden verscherbelt, bis sie an zig Schulen verboten wurden. Die Idee dahinter: Durch den digitalen Wahn, immer am Ball zu bleiben, wird man leicht ungeduldig und nervös. Stets muss man seine Mails checken, seine unzähligen Whatsapp-Gruppen bedienen, Instagram-Fotos liken und ins Netz stellen, auf Facebook seine Existenz beweisen, über Twitter lustige Sprüche absondern und dabei Snapchat nicht vergessen, Slack, Xing, LinkedIn und so weiter und so fort. Das stresst brutal. Deshalb soll das Drehspielzeug einen therapeutischen Nutzen bringen. Na ja, wäre es da nicht einfacher, das Smartphone auf die Seite zu legen? Sich dem Wahn der sogenannten sozialen Medien gar nicht erst hinzugeben? Oder wäre das zu einfach? Lebt man nicht, wenn man unsozial-medial ist?

Zur Fidget-Bewegung gab es einen merkwürdigen Weiterdreh, den Cube: Der Fidget-Cube, auf Deutsch Zappelwürfel oder Rumspielwürfel, präsentiert sich als Werkzeug, das sechs unterschiedliche Seiten zum hemmungslosen Klicken, Drehen und Reiben hat, sogar lautlos, wenn gewünscht. Das völlig unnütze Ding, das ebenfalls nur nervöse Finger befriedigen soll, wurde zur Finanzierung ausgeschrieben. Und hierbei gibt es Parallelen zu all den digitalen Sinnlosigkeiten.

Zur Denkweise, wie auch in Startups investiert wird: 15 000 Dollar wollten die beiden Brüder Matthew und Mark McLachlan, die übrigens ursprünglich nicht aus dem Silicon Valley, sondern aus Denver kommen. Man stelle sich vor, wie die beiden Jungs ihre Idee in der Gierwelt der Digitalinvestoren präsentieren. Dort, wo vor allem in technische Finessen investiert wird. Was passierte hier: Ungläubiges Kopfschütteln? Rauswurf? Nein, im Gegenteil: Die Jungs setzten auf Crowdfunding, fanden binnen kürzester Zeit 154 926 Unterstützer, die 6,5 Millionen Dollar zusammentrugen, um das Projekt zu verwirklichen. Seither verkaufen sie ihre manuelle Befriedigung für 25 Dollar.

Zum Rekapitulieren: Hier geht es um eine Art Würfel, auf dessen sechs Seiten je ein Pseudo-Fingerspiel integriert ist – garantiert nichts Sinnvolles. Und dafür investieren hundertfünfzigtausend Menschen 6,5 Millionen Dollar? Ist das ein modernes Startup, das die Welt verändert? Wenn man genau denselben Menschen ein Foto von hungernden Menschen zeigte, wäre die Spendenbereitschaft niemals so groß, da bin ich mir sicher. Zeigt man ihnen aber einen Würfel, der für das Nichts der heutigen Gesellschaft steht, so öffnen sich die Geldbeutel.

Das ist symptomatisch für das Startup-Denken. Vor zehn Jahren hätte kein Mensch so einen Würfel finanziert. Wäre die arme Frau Hettinger mit ihrer Idee damals an die Börse gegangen, um die Finanzierung über Beteiligungen anzustoßen, wäre sie von aller Welt ausgelacht worden. Heißt: Wenn sich etwas Startup nennt, kommt man leichter zu Geld.

Aber das gilt nicht immer – vor allem dann nicht, wenn die Startup-Mentalität so ausgeprägt ist, dass man von Anfang an das Geld nur so raushaut, weil man davon ausgeht, dass es bald nur so reinfließt. Nehmen wir das Beispiel Liberta Motorcycles. Auch dieser Laden nannte sich Startup. Er hatte die Idee, Mofas in Fernost bauen zu lassen, die an die fetten Harley-Davidson-Motorräder erinnerten – Softails und Irons für Arme. Dabei ging es weniger ums Geld, sondern darum, dass viele Menschen, die keinen Motorradführerschein besitzen, mit so einem Blechmonster cruisen wollen – und für die Stadt können Mofas und Mopeds ja dafür durchaus ausreichen.

Liberta Motorcycles hatte hochkarätige Investoren, etwa aus der Medien- und Werbeszene. Aber auch das damalige Topmanagement von Facebook war an dem Startup beteiligt. Die Pressearbeit lief sehr professionell, die Verkaufszahlen stiegen in die Höhe, doch der Break-even, so schien es, rückte nie näher. Die Kosten müssen immens gewesen sein – allein schon für die wunderschön eingerichtete Garage mitten in der Hamburger Hafencity, wo die Mietpreise weit mehr in die Höhe geschossen sind als die Elbphilharmonie. Kurz: Investoren waren für Liberta Motorcycles leicht zu finden, weil der Mofaverkauf als Startup gekennzeichnet worden war. Das Geld wurde – wie in Startups üblich – anscheinend mit vollen Händen ausgegeben, schneller jedenfalls, als es eingetrieben werden konnte. Seit Verkaufsstart im August 2013 sollen bis zur Insolvenz Ende 2014 rund 150 Maschinen verkauft worden sein.

Nach der Insolvenz übernahmen zwei Händler Vertrieb und Ersatzteilversorgung. Klassische Unternehmen haben das Startup quasi gekapert – vermutlich, ohne zu wissen, dass sie sich auf ein Startup eingelassen haben. Mal ehrlich, hätte dieses Startup die Kraft gehabt, die Welt zu verändern? Mit Mofas im Retrostil?

Die innovativsten Startups der Welt

Da sich fast alles, was irgendwie gegründet wird, Startup nennen darf, kann die Mehrheit dieser Firmen definitiv nicht dazu beitragen, die Welt zu verändern. Aber zu Startups gibt es ja unzählige Rankings, etwa zu den innovativsten Geschäftsideen der Welt.

Auf *Businessinsider.de* ist eine Liste zu finden, die 61 Unternehmen vorstellt, deren Technologien tatsächlich die Welt verändert haben sollen (»These are the 61 most innovative startups in the world«). Unternehmen, die nicht nur aus dem Silicon Valley kommen, sondern auch aus Afrika, Südamerika und, man staune, auch aus Europa. Oh je, womit beginnen, damit es nicht so wirkt, als müsste man über jedes weltverändernde Startup lästern? Denn auf den ersten Blick mag man sich wundern, welche Ideen als weltverändernd wahrgenommen werden. Fliegen wir einfach mal über einige Startup-Innovationen:

- **1928 Diagnostics**, eine schwedische Biotech-Company, hat eine Plattform entwickelt, um Infektionen besser diagnostizieren zu können. Die Menschheit mag es danken, ein schöner Ansatz, aber weltverändernd?
- **Agrosmart** aus Brasilien will Bauern helfen, das Agrarbusiness besser zu managen, via Sensoren und diverse Daten. Klingt auch gut und nachvollziehbar, aber weltverändernd?
- **Apeel Sciences** aus dem Silicon Valley hat eine Art essbaren Schutzmantel entwickelt, der Nahrungsmittel, auch Obst, länger haltbar machen soll. Großartig, wirklich wahr, aber wird das die Welt verändern?

Ich habe nur drei Beispiele aus jener ominösen Liste der innovativsten Startups genannt, die die Welt verändern wollen. Greifen wir uns doch mal nach bestem Gewissen die Startups heraus, die das Potenzial für die Herstellung einer neuen Weltordnung haben:

- **BestMile:** Ein Entwickler von künstlicher Intelligenz? Ein Sicherheitssystem für Smart Devices? Software für autonome Autos? Ja, damit könnte die Firma BestMile schon was bewegen. Im wahrsten Sinne des Wortes.
- **Modern Meadow:** Augmented Reality auf dem Handy, womit man Smileys in Fotos integrieren kann? Eine Bezahlplattform auf Blockchain-Technik? Genetischer Schnelltest? Blockchain für sicheres Wählen? Oder ist es das Startup Modern Meadow, das mit tierfreien Lederprodukten die Welt verändern wird?

Auch wenn man sich andere Top-Tipps ansieht, wie »Diese Startups müsst ihr 2018 im Auge behalten« auf *Gründer.de* oder »Das sind Deutschlands Top 50 Startups des Jahres« auf *Für-Gründer.de*, dann ist der Eindruck ziemlich ähnlich. Selbst wenn man weitere internationale Portale scannt, etwa *PCmag.com* mit »11 Innovative Startups That Caught Our Eye at Mobile World Congress« oder *Forbes.com* mit »The 25 Most Innovative Ag-Tech Startups« bis hin zu »Most Innovative Startups« auf *innov8tiv.com*.

Alles klingt so berechenbar und überraschungsfrei. Hätte man von Startups nicht viel mehr erwartet? Etwa, dass sie die Welt nachhaltig verändern – und vor allem verbessern? Klar kann ein Google mit einer Echtzeitübersetzung aller Sprachen zu großen Veränderungen beitragen. Auch die sozialen Netzwerke und Messenger-Dienste haben den Umgang untereinander beeinflusst. Leider nicht nur positiv. Aber wenn schon die aktuell innovativsten Startups der Welt so maue Ideen haben, dann muss sich die Welt mit Veränderungen wohl leider noch etwas gedulden.

Innovation ist relativ

Womöglich ist diese Betrachtung etwas zu einseitig. Denn bis beispielsweise ein Auto völlig autonom unterwegs ist, braucht es jede Menge Ideen von Startups. Das mag vor sechstausend Jahren begonnen haben, mit Erfindung des Rads. Doch zurzeit tüfteln sie um die Wette, die jungen Unternehmer, um das Ding gesellschaftsfähig zu machen. Welches Startup am Ende die wichtigste Arbeit für den großen Durchbruch geleistet haben mag, sei dahingestellt. Darum darf es aber auch nicht gehen.

Ähnlich in all den anderen Bereichen, in denen Startups die Märkte aufwirbeln, etwa im medizinischen Sektor. Ein kleiner Schritt eines Startups kann hier ein großer für die Menschheit sein. Innovation, klar, ist relativ. Dabei darf nicht vergessen werden: Innovative Geschäftsideen können sich in eine völlig andere

Richtung entwickeln, als es deren Gründer angedacht hatten. Nehmen wir als Beispiel die Entwicklung sozialer Netzwerke.

Wie schon vermerkt, hatte Mark Zuckerberg am Rande der Legalität an seiner Universität ein Tool entwickelt, das Rankings über seine Kommilitonen erstellte: Facemash, aus dem Facebook hervorging. Die Idee begann sehr brav und ordentlich: Der Kontakt mit Familienmitgliedern, die in aller Welt verstreut sind, oder mit Freunden, wurde um einiges leichter, auch das Teilen von Erlebnissen wurde ermöglicht und so weiter und so fort. Was Zuckerberg und seine Facebookianer nicht bedenken konnten: dass sich über Facebook und auch andere soziale Netzwerke jede Menge Nerds organisieren, die bisher glaubten, sie stünden mit ihrer Meinung weitgehend alleine da. Plötzlich haben diese Nerds eine Macht, plötzlich wagen sich scheinbare Randerscheinungen aus der Deckung. So ist es leider immer stärker spürbar, wie sich bisherige gesellschaftliche Randgruppen, etwa Rassisten oder Verschwörungstheoretiker, zusammenfinden und sich immer mehr in die Öffentlichkeit trauen. Oder wenn eine legal gewählte politische Partei die sozialen Netzwerke missbraucht, um Andersdenkende öffentlich anschwärzen zu lassen, hat das das Potenzial, das demokratische Miteinander zu gefährden und ganze Staaten, sogar die Welt zu verändern. In diesem Fall ist das nicht gerade positiv. Und das aus einem Startup heraus, das an einer Uni harmlos begann. Aus einer Idee heraus, die anfangs gar nicht so innovativ wirkte.

Was aber ist Innovation? Gerade in der Startup-Szene werden dazu jede Menge Buzzwords durch die Gegend geworfen: Daten sind der Rohstoff der Zukunft. Und Innovation ist der Rohstoff der Zukunft, heißt es auf etlichen einschlägigen Portalen dazu. Cloud-Technologien werden als die Innovation angesehen, dabei ist jede Mail eine Mini-Cloud, weil sich Mailinhalte überall abrufen lassen. Jeder möchte innovativ sein – erst recht wollen das Startups sein. Schon allein, um leichter an die Gelder ihrer Investoren heranzukommen. Wer würde in ein Unternehmen investieren, das nicht innovativ ist?

Fünfte Lüge:

Startups machen alles anders

Sprachliche Disruptionen

Bei einem Startup geht es nicht unbedingt um die Geschäftsidee. Es geht vor allem um die Verpackung. Und die besteht aus Worten, da ja sonst oft nichts da ist, kein richtiges Produkt oder etwas zum Anfassen. So werden Worte gesucht, die nach was klingen, die im Idealfall blenden, also unverständlich sind. Nur wenn Investoren nicht verstehen, worum es bei einem Startup geht, sind sie bereit, ihre Millionen anzulegen. Was man nicht versteht, muss gut sein, das muss man nicht verstehen. Denn so geht Startup! Man spricht Startupsisch.

Grundsätzlich, so scheint es, verfolgen Startups disruptive Ideen. Ja, das Wort »Disruption« ist ein Muss in jedem Businessplan eines Startups, wenn es überhaupt einen Businessplan gibt. Denn Businessplan ist Oldschool, und Startup ist lässig, meist fahrlässig. Aber immer anders. Mit »disruptiv« meinen Startups, dass sie alles anders machen – im Idealfall die Welt neu erfinden. Ein bisschen hat dieses »disruptiv« etwas Pubertäres, etwas Renitentes. Ein ach so mutiger Aufstand gegen Mami und Papi. Echt cool halt.

Dabei hätte die disruptive Denkweise durchaus Charme, wirtschaftliches Potenzial, gäbe es nicht so viele Dummschwätzer in der bärtigen Startup-Zunft. Uber wird als Disruption der Taxibranche angesehen – bis man sich die Frage gefallen lassen musste, wie es beispielsweise mit Insassenversicherungen aussieht.

Airbnb wird als Disruption der Hotelbranche gesehen – bis man sich die Frage gefallen lassen musste, wie dadurch Mietpreise in Metropolen in die Höhe schießen und Innenstädte entvölkert werden. Wie das? Für Investoren lohnt es sich doch viel mehr, ein 1-Zimmer-Appartement in New York City 30 Tage lang zu je 200 Dollar per Airbnb zu vermitteln, sind 6000 Dollar im Monat, als es für 3000 Dollar völlig überteuert zu vermieten. Die ursprüngliche Idee von Airbnb und Uber ist großartig – allerdings ist sie nicht zu Ende gedacht.

Disruption hat aber auch große Vorteile: Disruptive Unternehmen werden sich so ändern, dass sie eine faire Alternative zu etablierten Geschäftsmodellen bieten. Und: Altehrwürdige Geschäftsmodelle sind gezwungen, sich den disruptiven Kollegen anzupassen. Wie flexibel das Taxigewerbe plötzlich wurde, wie kundenfreundlich die Hotellerie. Das ist den Disruptoren aus dem Silicon Valley zu verdanken. Disruption wird die Generation Share bewegen, wird die Automobilbranche massiv verändern und wird bisherige disruptive Geschäftsmodelle zerstören. Ist doch klar, Disruption ist dazu da, auch Disruption zu zerstören.

Hier gilt als Triebfeder die Blockchain, das nächste Buzzword, das man in Startup-Präsentationen einbauen sollte. Ja, in den nächsten Jahren wird alles Blockchain sein. Erst, wenn alle Welt Blockchain verstanden hat, geht der Zauber verloren, wird auch Blockchain-Technik für Investoren uninteressant werden.

McKinsey, wie immer ganz vorne dabei, wenn es um das Identifizieren disruptiver Zukunftstechniken geht, kommunizierte, was eine Blockchain leisten könne: Sie bewegt Geld, sie sichert Geld, sie leiht Geld, sie handelt mit Geld, sie verifiziert Geld. Was für eine Erkenntnis! Natürlich bezieht sich diese anspruchsvolle Lernkurve auf Kryptowährungen wie Bitcoin, beschreibt also die Disruption des Bankenwesens. Der Vorteil, so McKinsey weiter, liege dabei in ihrem Unabhängigkeitsprinzip: »Als Peer-to-Peer-Technologie kann jeder Besitzer einer Kryptowährung diese ohne die Hilfe eines Finanzdienstleisters weiterleiten.« Welch schöner

Satz, der am 8. Januar 2018 in *Werben & Verkaufen* zu lesen war, weil er gleich eine weitere terminologische Anregung für Startups enthält: Peer-to-Peer, also eine Kommunikation unter Gleichen in einem Rechnernetz, auch Querkommunikation genannt. Alle Computer in einem Peer-to-Peer-Netz sind gleichberechtigt.

Da der Begriff »Blockchain« schon viel zu bekannt ist, können Startups eine höhere Aufmerksamkeit erzielen, wenn sie von »Distributed Ledger« sprechen. Solch ein Begriff kann gleich ihren Marktwert erhöhen. Dabei ist Distributed Ledger nichts anderes als ein »verteiltes Kontenbuch«, also eine dezentrale Datenbank, also: Blockchain.

Nicht abschweifen, weiter geht es mit Blabla-Blasen der schönen neuen Startup-Welt. Es sind nämlich nicht nur Neologismen und Unverständnisworte, mit denen gerne hantiert wird, sondern auch Standardsätze wie: »Auf lange Sicht droht bisherigen Geschäftsmodellen das Aus.« Startups können die »bisherigen Geschäftsmodelle« natürlich durch eine konkrete Branche ersetzen, in der sie angreifen wollen, sollten sie das selbst überhaupt wissen.

»Die Frage ist nicht, ob, sondern wann das geschieht«, ist auch so eine leere Drohung, bei der man sich irgendwie auf eine Ebene mit Gott stellt, um mit Wissen zu klotzen. Damit wird auch eine potenzielle Veränderung gar nicht erst infrage gestellt, denn sie kommt ja. Fragt sich nur noch, wann. Und da man als Startup ja der Zeit immer voraus ist, passt so ein Satz immer perfekt in jede Präsentation.

Weitere gern verwendete Floskeln von Startups, die längst in fast jedes Konzept eines völlig normalen Unternehmens eingeflossen sind: »Modelle, die der globalen XY-Branchenelite zu Recht Angst einjagen«, »Entwicklungen, die Ihr Geschäftsmodell obsolet machen«, »Anwendungsmöglichkeiten, die viel umfassender sind«. Außerdem dürfte sich in Zukunft alles ändern. Die gesamte Wertschöpfungskette wird betroffen sein, wovon auch immer, Aufgaben werden automatisiert, traditionelle Arbeitsabläufe, wie wir sie heute kennen, wären nicht mehr notwendig, alles wird digitalisiert stattfinden, jegliche Organisation, alles wird effizient oder effektiv, alles wird einen großen Einfluss auf die Gesellschaft haben, massiven Einfluss auf jede Branche – dies passiert nicht von heute auf morgen, sondern, ja, meist schneller. Was auch immer noch geschehen wird, wir werden immer am Anfang einer neuen digitalen Revolution stehen. Immer auf dem Startbrett eines Startups.

Natürlich gehen Startupler noch viel tiefer ins Blasenvokabular: Alles ist Machine-Learning, alles AI, also Artificial Intelligence, künstliche Intelligenz. Geodaten müssen integriert sein, Frontend-Developer müssen ihren Job verstehen, holarchische Strukturen der Customer-Experience müssen berücksichtigt werden, und bei allem Tun muss möglichst viel Scrum implementiert sein. Scrum heißt Gedränge und ist eine moderne Form von Projektmanagement, das ursprünglich zur agilen Softwareentwicklung führen sollte.

Müssen wir jetzt wirklich noch auf Scrum eingehen? Ja, ein klein wenig. Denn Scrum ist auch so ein Startup-Hit, der in herkömmlichen Unternehmenskulturen eingeführt werden soll – weil es so cool ist. Mit Scrum, so diktieren viele Manager, könne man auf neueste Weise so viel verändern. Scrum besteht, typisch Startup-Denke, aus nur wenigen Regeln. Den Kern dieser Regeln beschreiben fünf Aktivitäten, drei Artefakte und drei Rollen. Wichtig dabei: Ein Großteil der Anforderungen und der Lösungsansätze ist anfangs unklar, iterativ und inkrementell soll dann alles entwickelt werden.

Auch wenn Scrum oft falsch interpretiert wird, weil Firmenchefs oder Abteilungsleiter etwas Konkretes entwickelt haben wollen, statt dass die Entwicklung per se erst entwickelt wird, kann diese Methode positive Nebeneffekte haben: Transparenz ist das A und O. Also das, was in zu vielen Firmenkulturen eh schon Mangelware ist. Für alle Mitarbeiter soll der Prozess sichtbar festgehalten werden. Lasten- und Pflichtenhefte gibt es nicht,

Anforderungen sollen aus der Anwenderschaft formuliert werden. Das jedenfalls wäre ja mal ein echter Fortschritt. Mit diesem Denkansatz können Unternehmen mit einem Schlag auf die Stufe derjenigen kommen, die exakt so, aus dem Blick ihrer Anwenderschaft oder auch Kundschaft genannt, ihr Geschäftsmodell ausgerichtet haben: Tante Emma-Läden.

Noch nicht genug Startup-Begriffe geschluckt? Dabei ist auch dieses Buch hier infiziert von Beratersprech und Bullshit-Bingo. Besonders schön ist etwa auch der Begriff »Customer Funnel AARRR«: Der steht für »Acquisition, Activation, Retention, Referral, Revenue«, manche Startups fügen vor das erste A sogar noch ein A hinzu, das für »Awareness« stehen soll, dann also »«AAARRR«. Worum es hierbei geht? Um einen »Customer-Purchase-Funnel« oder, altdeutsch gesagt, um »AIDA«. Das AIDA-Modell stand mal für »Attention, Interest, Desire, Action«, also um das Erzeugen der Aufmerksamkeit von Kunden bis hin zum Kauf. Heute darf niemand mehr AIDA sagen, außer er macht eine Kreuzfahrt oder geht in die Oper. Statt AIDA spricht Startup von der legendären »Customer-Journey«, also der Reise eines potenziellen Konsumenten durch die Medien.

Um sich einen intellektuellen Anstrich zu geben, wird in der Startup-Szene gerne ins Spruchregal von Karl Popper gegriffen. Meist geht es dabei um das empirische Falsifikationsprinzip, das als Methode von Versuch und Irrtum interpretiert wird. Klar, kann man so sehen. Popper hat diesen sogenannten kritischen Empirismus entwickelt, um mit dem Abgrenzungskriterium der Falsifizierbarkeit und der Methode der Falsifikation Lösungen zum Abgrenzungsproblem und zum Induktionsproblem vorzuschlagen. Wissenschaft? Nein, billiges Wikipedia-Wissen, um auch diesem Buch einen pseudowissenschaftlichen Anspruch zu verleihen – gelernt aus der Startup-Denke.

Würde man ernsthafter in das Thema eintauchen, müsste man Karl Poppers Weg verfolgen, wie er das Verifikations- durch das Falsifikationsprinzip ersetzt hat. Heißt, Theorien müssen widerlegbar sein, wie der *ScienceBlog* interpretiert, Theorien müssten der empirischen Nachprüfung durch Experimente ausgesetzt werden. Bevor Popper von der Startup-Welt ebenso falsch interpretiert wird wie von diesem Buch, hier ein Zitat, das mit Sicherheit das Potenzial hat, im Startup-Bullshit Einzug zu finden, ebenfalls aus dem *ScienceBlog*: Popper schreibt bereits im Vorwort von *Logik der Forschung*: »Wann immer wir nämlich glauben, die Lösung eines Problems gefunden zu haben, sollten wir unsere Lösung nicht verteidigen, sondern mit allen Mitteln versuchen, sie selbst umzustoßen.«

Zurück zum professionellen Blabla der Startups. KPIs, also »Key-Performance-Indicators«, klingen immer gut, fundiert, nach durchdachtem Plan, völlig egal, worum es geht. KPIs verlangt der Markt, der Kunde, der Chef, der Investor. Jeder braucht sie, jeder liebt sie, keiner kann exakt sagen, was die echten KPIs sind. Der Umsatz pro fakturiertem Personentag kann ein KPI sein, der Umsatz pro Kunde, der Umsatz pro Mitarbeiter, die Anzahl der fakturierten Personentage im Verhältnis zu den Planarbeitstagen, die Kosten pro Website-Besucher oder pro Käufer oder pro Lead oder, oder, oder. KPIs sind willkürlich und daher genial.

Leitbild Customer-Centricity

Natürlich glüht ein Startup erst einmal aufgrund seiner Idee. Aufgrund seiner Innovationskraft, seiner Disruption und seiner potenziellen Weltherrschaft. Dass sich ein Startup irgendwie auch finanzieren muss, beispielsweise durch Kunden, ist nicht in jeder Garage bekannt.

So wirken Kunden im Startup-Imperialismus oft wie Aliens. Irgendwann so um das Jahr 2009 stießen Forschertrupps auf die Entdeckung von diesen Außerirdischen, schauten sie hoffnungsvoll mit verliebten Augen an und stellten sie in den Mittelpunkt allen Tuns. Dieses neue unternehmerische Leitbild orientiert sich am einzelnen Kunden als Führungsgröße – alles wird auf ihn gerichtet. Oder, wie es in der Startup-Kultur seither heißt: Customer-Centricity.

Was das sein soll? Eine Kundenzentrierung? Den Kunden ins Zentrum stellen? Im Zentrum wovon denn? Wieso Kunden? Bislang kam doch alle Welt ohne diese Aliens aus.

In einem großen Konzern Deutschlands, auch diese Geschichte ist wahr, wurde mit der Implementierung einer neuen Digitalchef-Riege Customer-Centricity ausgerufen – obwohl dieser Konzern schon rund eine Milliarde Kunden pro Jahr zählen kann. In einem Interview sollten die Digitalchefs sagen, was denn diese ominöse Customer-Centricity für sie bedeuten solle und ob sich nicht grundsätzlich jedes unternehmerische Handeln auf Kunden beziehe, was also diese Pseudoerkenntnis solle.

Sichtlich beleidigt von dieser angriffslustigen Frage wich die Digitalchef-Riege aus und verwies auf den obersten der obersten Bosse. Dieser sei erst neulich monatelang durch das Silicon Valley gestiefelt. Und dort habe er diese »Customer-Centricity« entdeckt. Die sei sehr wichtig für alle Startups. Sie sind doch gar kein Startup, sondern ein riesiger Konzern? Jedes innovative Unternehmen, wie sie es seien, bestehe aus alten Geschäftsmodellen und modernen Startups.

Aha, und wieso dann Customer-Centricity? Bisher, so sprachen die Digitalchefs weiter, hätten Startups und die Gründerszene im Silicon Valley einfach drauflosgelegt, von der Technik herkommend, ohne über Kunden nachzudenken. Kein Mensch habe dort an Customer gedacht – jetzt sei das *der* Trend im Silicon Valley. Das sei das absolute Muss und würde endlich auch nach Europa kommen. Welch tiefschürfende Erkenntnis – die Kunden wird's vielleicht freuen.

Das Lean

Zunächst eine dringende Warnung: Wirtschaftsbegriffe, die das Kompositum »Lean« enthalten, sollten mit äußerster Vorsicht genossen werden. Fragen Sie im Zweifel vor Verwendung Ihren Arzt oder Apotheker. Lean Management klingt so freundlich angelehnt und schlank. Und es reduziert die Chefs im Idealfall auf wenige – statt vieler Inkompetenzen.

Im Jahr 2008 hat sich »Lean« auch in der Startup-Szene einen Namen gemacht. Ein gewisser Eric Ries rannte durch die Welt und predigte das Heil seiner Idee des »Lean Startup«. Daraus strickte der gute Mann im Jahr 2011 einen Bestseller mit genau diesem Begriff. Dazu muss man wissen, dass zu dem Zeitpunkt die Idee des Lean so neu nicht war – auch wenn Startups natürlich alles anders machen und die Welt neu erfinden. Die Methoden des Lean Management wurden bereits Mitte des 20. Jahrhunderts eingeführt. Auch hier war Japan Vorreiter: Toyota gilt bis heute als Inbegriff des Lean Thinking.

Eric Ries jedenfalls erinnert ein bisschen an Jean-Jacques Rousseau. Weniger wegen seiner philosophischen Gedanken, schon gar nicht Rousseaus stets fehlinterpretierten Zurück-zur-Natur-Dramatik, sondern wegen *Emile oder über die Erziehung*. Rousseau hatte damit ein pädagogisches Leitwerk verfasst, eine Anleitung für die perfekte Erziehung. Seine eigenen fünf Kinder übergab er allerdings Waisenhäusern. Ähnlich wirken Eric Ries' Worte über sein sogenanntes Lean Startup. Und schon sind wir beim Thema Scheitern. Sorry, das sollte erst später thematisiert werden.

Ries selbst scheiterte schon mit seinem ersten Startup, weil er und seine Kollegen nicht verstanden, was ihre Zielgruppen wollten. Ein Beleg dafür, dass einst niemand an die eigenen Kunden dachte. Ries scheiterte auch, weil zu viel Zeit und Energie in den Produktlaunch gesteckt wurde. Später war Ries Softwareingenieur bei der Firma There Inc, ein klassisches Silicon-Valley-Startup. Was There macht? Virtuelle 3D-Online-Welten, also so etwas wie *Second Life*, das nicht gerade in die Erfolgsbücher der Geschichte einging. There wurde 2010 für die Öffentlichkeit geschlossen und zwei Jahre später für eine monatliche Gebühr wieder geöffnet. Eine große Erfolgsgeschichte sieht anders aus.

Dennoch wird über Ries' Lean-Startup-Ansatz gut und gerne diskutiert. Weil es keine wissenschaftliche Theorie sei, sondern ein pragmatischer Ansatz, dessen systematische Vorgehensweise die Wahrscheinlichkeit des Scheiterns reduzieren solle, wie es in einem Gastbeitrag »8 Besonderheiten von Lean Startups« von Judith Gentz auf *Deutsche-Startups.de* heißt. Die Chefin eines »Software-as-a-Service-Unternehmens«, wie sie es selbst bezeichnet, engagiere sich in der Stadt Hamburg für die Startup-Szene und gebe Kurse zum Thema Lean Startup.

Was steckt hinter dieser Lean-Idee? Nun ja, für gewöhnlich gehen Gründer grundsätzlich davon aus, dass ihre Geschäftsidee erfolgreich ist – ganz gleich, ob es sich um Startups handelt oder um ein klassisches Unternehmen, zum Beispiel eine Knopffabrik. Laut Judith Gentz akzeptieren Gründer von Lean Startups, »dass sie zu Beginn nichts anderes als vage Annahmen über ihr Geschäftsmodell machen können«.

Das muss man sich mal auf der Zunge oder in den Ohren zergehen lassen. Gründer, die über ihr eigenes Geschäftsmodell lediglich vage Annahmen treffen können. Auf genau so etwas freuen sich Investoren und Banker. Was für eine Haltung, was für eine Überzeugung von der eigenen Geschäftsidee! Wenn Startup auf der Firma steht, scheint alles erlaubt zu sein. »Auf der Suche nach dem funktionierenden Geschäftsmodell führt Lean Startup deshalb immer wieder sogenannte Experimente oder Tests durch, die auf Hypothesen über einzelne Bestandteile des Geschäftsmodells beruhen«, schreibt Gentz. Und diese Hypothesen würden kontinuierlich aktualisiert. Experimente, um ein funktionierendes Geschäftsmodell zu suchen? Und diese Mentalität ist es, die Daimler, Siemens und Bundeswehr nun auch implementieren wollen? Diese völlig unprofessionelle Vorgehensweise? Das wirkt wie billige Startup-Fantasien. Oder ist es einfach so, dass Startups schlicht alles anders machen?

Klar geht es laut Gentz hierbei am Ende auch um die Untersuchung von Kundensegmenten, Kundenversprechen, Produktvarianten, Erlös- und Abrechnungsmodellen, Vertriebswegen und

Servicestrukturen. Das klingt fast schon solide. Als eine zentrale Botschaft des Lean-Startup-Ansatzes bezeichnet die Autorin folgenden Satz: »Es gibt keine Wahrheiten innerhalb der Büroräume, also geht raus aus dem Gebäude.«

Wenn es im Büro eines Startups keine Wahrheiten gibt – und das der erste Teil der zentralen Botschaft des Lean-Startup-Ansatzes ist –, dann, tja, was kann man dazu noch sagen? Irgendwie ist das ja unglaublich selbstkritisch und ehrlich. Vermutlich gilt dieser Satz auch für ganz andere Branchen, möglicherweise für das Bankenwesen, das Politikwesen und das Bordellwesen. Natürlich geht es im übertragenen Sinn darum, potenzielle Zielgruppen anzusprechen, Märkte zu eruieren, Menschen zu fragen, wie sie sich verhalten, und ob die Startup-Idee überhaupt funktionieren kann. Dafür lohnt es sich in der Tat, das Büro zu verlassen. Aber nur, um im Büro für mehr Wissen, Transparenz und letztlich mehr Wahrheiten zu sorgen.

Um nicht nur zu meckern, muss man zugeben, dass einige Verfolger des Lean-Systems keinen schlechten Job machen. Gerade, weil im Vorfeld der Produktentwicklung interveniert werden kann. Gerade, weil hierbei einige klassische Mechanismen der Betriebswirtschaftslehre aufgegriffen werden. Gerade, weil sich die Lean-Menschen überhaupt mal Gedanken über die Startups machen. Das ist schon mal ein ganz großer Fortschritt. Und von dem Lean-Startup-Leitsatz »Make something people really want« kann absolut jedes Unternehmen lernen. Denn wie viele Firmen verfolgen Ideen, perfektionieren sie, um am Ende am Markt vorbeizuproduzieren?

Unterwegs zu Barcamps und Hackathons

Nehmen wir einmal an, ein paar Menschen haben eine Idee, die so voller Energie ist, dass sich daraus eine Geschäftsidee umsetzen lässt. Also organisieren sie ein Treffen, um diese Idee weiterzuentwickeln. Im Sinne der Startup-Kultur läuft das allerdings nicht so. Im Gegenteil: Startup ist immer anders. Hier beginnt es damit, dass man keine Idee braucht, um sich zu treffen. Auch das Wort »organisieren« stört nur, ebenso wie »weiterentwickeln«.

Was läuft hier falsch? Ganz einfach: Startups schwören auf Barcamps. Ursprünglich in der Internet-Szene entstanden, ging es immer irgendwie um Computer und das Web. Am vielversprechendsten gelten Barcamps, wenn sie völlig ungeplant und unorganisiert sind, wenn Ablauf und Inhalte irgendwie von selbst kommen, das gestaltet sich schon irgendwie von allein. Barcamps werden auch gerne als Unkonferenz oder Ad-hoc-Nichtkonferenz bezeichnet und gelten als eine Art offene Tagung mit offenen Workshops. Sie sollen am Ende irgendwie zum Informationsaustausch dienen.

Die Historie von Barcamps: Es war einmal ein Autor in den USA, Tim O'Reilly. Er schrieb 1992 das erste Buch, das jemals im Internet veröffentlicht wurde. Ein Jahr später entwickelte er mit dem *Global Network Navigator* das erste Online-Portal, auf dem die erste Internetwerbung geschaltet wurde und das er 1995 an AOL verkaufte. Dieser O'Reilly lud Anfang des Jahrtausends ausgewählte Personen, die »Friends of O'Reilly« (FOO), zu einer Veranstaltungsreihe ein, zum Austausch und zur Übernachtung. Wer kein FOO war, hatte nur die Chance, zu einer ähnlichen Veranstaltung zu gehen, die allen offenstand und Barcamp genannt wurden. Das erste offizielle Barcamp fand im August 2005 in Palo Alto statt, also im Silicon Valley, damals in den Räumen der Firma Socialtext.

Inzwischen veranstaltet jeder sein eigenes Barcamp. Auch in traditionellen Unternehmen dringt diese unorganisierte Versammlungsmentalität mehr und mehr ein. Eine Idee, aus der große Startups hervorgehen, kann für ein mittelständisches Gewerbe so falsch nicht sein, denken viele. Um besonders cool zu sein, soll man zu diesen Veranstaltungen den eigenen Schlafsack mitbringen, um dort, irgendwo im Mittelstand, eine aufregende Nacht verbringen zu dürfen.

Die Methode der Barcamps gleicht am Ende herkömmlichen Seminaren, nur eben nicht so organisiert. Daher spricht man bei Barcamps gerne von der Open-Space-Methode, bei der die Teilnehmer vor Ort für ihre eigenen Themen werben und versuchen, eine Arbeitsgruppe zu gründen. Inwieweit das System greift und Wissen sowie Erfahrungen ausgetauscht werden, damit handfeste Ergebnisse oder gar konkrete Maßnahmen daraus abgeleitet werden können, bleibt unvorhersehbar.

Ein Moderator jedenfalls ist bei den Barcamps wichtig, weil er am Ende die Aufgabe hat, das gute Gelingen aller Teilnehmer zu feiern – was auch immer gemacht wurde. Das gemeinschaftsbildende Abschlussritual, dazu gehört auch eine Präsentation aller Konzepte vor allen, scheint ein Muss zu sein. Warum Barcamps per se in so vielen Unternehmen ein Muss werden, ist jedenfalls kaum nachvollziehbar.

Näher dran am Arbeiten sind Veranstaltungen, die als »Hackathon« bezeichnet werden, eine Wortschöpfung aus Hack und Marathon. Dabei geht es ebenfalls um das Miteinander, das gemeinsame Entwickeln von Soft- und Hardware. Hackathons werden auch Hack-Day, Hackfest oder Codefest genannt. Diese Veranstaltungen sind um einiges sinnvoller als Barcamps. Denn hier wird geplant. Hier werden Teams aus unterschiedlichen Wissenshintergründen gebildet, bei denen sich Experten ergänzen. Hier kommt es am Ende meist zu guten Ergebnissen, für die auf Hackathons auch mal Preisgelder in Höhe von 250 000 Dollar gezahlt werden, wie auf der »TechCrunch Disrupt Conference«, bei dem ein Social-Gaming-Hackathon durchgeführt wurde.

Hackathons können sich also durchaus dafür eignen, wenn klassische Unternehmen etwas bewegen wollen, wenn sie disruptive Ideen verfolgen wollen. Allerdings nur, wenn sich Unternehmen zuvor Inhalte und idealerweise Ziele überlegt haben. Aber ganz gleich, ob Hackathons am Ende etwas bewegt haben, eines nehmen die Teilnehmer mit, auf ihrem langen Weg des Lebens: einen Aufkleber für ihren Laptop.

Sechste Lüge:

Startups sind ganz schön locker

Früher war Krawatte

Gleich Pinguinen schritten Manager jahrzehntelang in dunklen Anzügen in ihre Büros. Eine DIN-Vorschrift, so erweckte es den Eindruck, die niemand aufzubrechen wagte. Längst hat sich der Druck zur Uniformierung entspannt. In Startups wird vorgelebt, wie zwanglos jegliche Kleidung zugelassen ist. Ist das so?

Zunächst einmal fällt auf, wie das oberste Management etablierter Konzerne krampfhaft versucht, die Coolness von Startups auf seinen Körper zu übertragen. Bisher war die Krawatte im Berufsleben Pflicht, je mehr man sich der Chefetage näherte. Sie war Machtdemonstration und zugleich Zeichen des Respekts vor dem Geschäftspartner. Bis heute ist sie zum Beispiel an den meisten Bankschaltern Grundausstattung. Ebenso der Anzug: je dunkler, desto mehr Chef. Und so glichen oberste Hierarchieansammlungen oft Pinguinpopulationen. So wie der Weihnachtsbaum »früher Lametta« war, laut Loriot, so war früher mehr Krawatte. Eine Uniform, die wenig Spielraum ließ. Gut, dass diese Zeit in vielen Chefetagen vorbei ist.

Doch das, was uns die Startup-Mentalität diktieren will, ist, um ehrlich zu sein, schon wieder eine Uniform – von Fuß bis Kopf. So sind als Schuhwerk nur noch Chucks oder Sneakers zugelassen, Jeans, T-Shirt mit Tagesmotto und cooler Bart mit cooler Frisur. Die Bezeichnung »cool« steht hier für: möglichst ungepflegt. Denn es gilt, das Image zu verbreiten, dass man in seiner Garage wieder mal zig Tage und Nächte durchgearbeitet habe. Und da es in Garagen grundsätzlich keinen Wasseranschluss zu geben scheint, zumindest in Kalifornien, wo eh latent Wassermangel herrscht, besteht auch nur eine unbedeutende Chance der Körperpflege.

Diesen modernen Karrierelook haben inzwischen schon Konzernbosse wie der Daimler-Vorstand Dieter Zetsche aufgegriffen, zumindest in Teilen. »Chef der Locker AG«, titelte das Magazin der *Süddeutschen Zeitung*. »Niedergang eines Machtsymbols: Das Ende der Krawatte«, dichtete die *Frankfurter Allgemeine Zeitung*. Das war nicht im 18. Jahrhundert, sondern im Dezember 2015, also fast Neuzeit.

»Vom Silicon Valley lernen heißt siegen lernen«, schrieb die *FAZ* weiter. »Der Manager von heute verzichtet auf den Schlips.« Wow, beeindruckend. Da führt einer wie Dieter Zetsche bis Mai 2019 einen Weltkonzern mit fast 300 000 Mitarbeitern und einem Umsatz von gut 150 Milliarden Euro und lernt vom Silicon Valley: Krawatte weg.

Zugegeben: Die Wirtschaftspresse stürzte sich auf diese verdammte Krawatte, die der Daimler-Kerl plötzlich nicht mehr tragen wollte. Alle anderen Inhalte eines so wichtigen Unternehmens: keine Relevanz. Der Einfluss von Startups ist beeindruckend, selbst bei solch scheinbaren Bagatellen.

Doch das, was Zetsche hier inszenierte, ist ein Bekenntnis dazu, dass er sich der ausgeschütteten Klebemasse aus Boston – oder dem Image der innovativen Startups kampflos ergibt. Daimler selbst steht für Tradition, aber auch für Erfindergeist und Innovation. Immerhin hat Mercedes-Benz dereinst das Auto erfunden. Und plötzlich sollen das alles keine Werte mehr sein? Daimler adaptiert die Placebowerte aus virtuellen Startup-Garagen? Ein Hologramm für den König, wie es Schriftsteller Dave Eggers, der den fantastischen Roman *The Circle* geschrieben hat, nennen würde?

Ein anderes Beispiel von der Nürnberger Versicherung. Hier wurde vom Marketing ein Erneuerungsprozess angestoßen – was auch gut war und wichtig. Die Versicherung kam völlig verstaubt daher, mit all den Unterlagen, die der ebenso verstaubt wirkende Außendienst, noch so ein Wort mit Patina, verteilte. Auch die wenigen Werbeprospekte der Versicherung: alles veraltet, bis hin zum Logo. Um den Erneuerungsprozess zu definieren, gab es einen echten Vorstandsbeschluss: Ab sofort ohne Krawatte! Man wollte sich so locker geben, wie es ein Startup mit zwanzigjährigen Chefs vorlebt.

Prompt trat das zehnköpfige Chefgremium der Versicherung, das Durchschnittsalter wirkte wie jenseits der sechzig, vor einigen Tausend Mitarbeitern auf, alle mit dunklem Anzug, weißem Hemd – ohne Krawatte. Und da in der Vorstandsetage noch nicht eine Frau gesichtet wurde außer im Sekretariat, im Marketing oder als Moderatorin bei der Vorstandspräsentation, schien der Erneuerungsprozess nur bedingt glaubhaft. Oder ticken die zehn kleinen Vorständlein nun anders, weil sie keine Krawatte mehr tragen? So ein Vorstandsbeschluss wird ja in der Regel nicht aus Spaß getroffen.

Das Diktat des digitalen Kleiderstils prägte Steve Jobs, der legendäre Apple-Gründer, Urvater aller Startups. Jeder, der im Silicon Valley etwas gründet, das mehr als zwölf Monate existiert, ist legendär. Jobs war aber schon lange eine Legende, galt als Vorreiter im Zukunftsdenken. Da er mit all seinen Gedanken in der Zukunft lebte, vergaß er gerne mal das Jetzt. Er vergaß, sich vernünftig anzuziehen. Seit er Ende der 1990er-Jahre zu Apple zurückgekehrt war, trat er fast ausschließlich in Jeans und schwarzem Rollkragenpulli auf und in Turnschuhen. Das Gerücht, Jobs habe mehrere Hundert Jeans besessen, die alle gleich aussahen, bestätigte sich nach seinem Tod im Jahr 2011 nicht. Rollkragenpullover trug Jobs übrigens schon in den 1970er-Jahren gerne, damals aber noch nicht als Markenzeichen. Dafür war er zu jener Zeit meist barfuß unterwegs, auch als er ein wichtiges Treffen mit Atari-Präsident Joe Keenan hatte, um sich Geld für den Apple II zu besorgen.

Steve Jobs war und ist in vielerlei Hinsicht Vorbild für Start-ups. So gerade auch bei der Kleidung. Tatsächlich wollte er eine Uniform einführen, eine Idee, die am Ende nicht nur im Apple-Imperium Einzug halten, sondern sich über das Silicon Valley in alle Welt ausbreiten sollte, da sich die Uniformidee in alle sich als cool empfindenden Hirne einbrannte.

Doch Jobs hatte diese Idee geklaut. Glaubt man der Biografie über Jobs, verfasst von Walter Isaacson, dann kam der Apple-Mann nicht durch den Turnschuhrebellen Joschka Fischer auf die Idee, der 1985 in weißen Turnschuhen als erster grüner Minister der Bundesrepublik seinen Amtseid ablegte, sondern durch Sony: Der japanische Elektronikkonzern war einst viel cooler als Apple – Sony, Erfinder des Walkmans, war das Maß aller Dinge. Allerdings muss man wissen, dass die Bevölkerung in Japan nach dem Krieg nicht genügend Kleidung hatte. Daher sorgten dort die Unternehmen sehr häufig für die Alltagsklamotten. So, wie es heute oft Dienstwagen gibt oder vereinzelt Dienstwohnungen vom Arbeitgeber, brüsteten sich japanische Konzerne mit Dienstkleidung.

Als Jobs bei Sony in Japan zu Besuch war, das muss um 1980 gewesen sein, wurde er zudem von Sony-Chef Akio Morita aufgeklärt, dass eine Uniform Mitarbeiter besser an das Unternehmen binden würde. Je nach Funktion trugen die Mitarbeiter rote, blaue oder grüne Uniformen. Das faszinierte Jobs, der so sein wollte wie Sony. Also ließ er sich vom japanischen Designer Issey Miyake eine Uniform für Apple-Mitarbeiter fertigen, was in den USA allerdings nicht gut ankam. Für die Idee einer ärmellosen Jacke wurde er auf einer Bühne ausgebuht.

Jobs, der ein schwäbisches Gen haben musste, ließ sich trotzdem von Issey schwarze Rollkragenpullover machen. Laut Biografie gleich ein paar Hundert Stück, die anscheinend für sein ganzes Leben ausreichen sollten. Er verpasste sich quasi selbst eine Uniform. Seine Jeans trug er übrigens zwei bis drei Jahre am Stück, berichtet die Techsite *Giga.de*, die das anhand diverser Fotos nachgewiesen haben will. Und welche Sneakers trug er? Ausschließlich New Balance, laut der Giga-Recherche wohl schon seit mindestens 1982. Diese Kostümierung nennt man bis heute »Signature-Look«.

Statt eigene Zeichen zu setzen, fließt Jobs Signature-Look längst auch wie klebriger Honig in die Chefetagen deutscher Konzerne. Zetsche war als Daimler-Chef noch nicht einmal der Anfang. Zuvor war schon Allianz-Vorstand Oliver Bäte auf der Hauptversammlung in knallroten Turnschuhen vor die Aktionäre getreten. Medien werteten diese Signalfarbe als Zeichen für den Wandel – für die digitale Transformation. Kritiker werteten dies schlicht als peinlich. Soll er lieber etwas tun, als rote Schuhe zu tragen. Doch sein Tun wird anscheinend nicht wahrgenommen – die Schuhe schon.

Dann gibt es noch den Josef Käser, seit 2013 Konzernchef von Siemens. Um internationaler zu wirken, nennt er sich nur noch Joe Kaeser mit a-e. »Bei uns kann jeder anziehen, was er will«, sagte er in der Öffentlichkeit und zeigt sich entsprechend auch ohne Krawatte im offenen Hemd und Jeans. Erstmals soll er das bei einem Startup-Event gewagt haben.

Das selbst auferlegte Modediktat hat übrigens auch Facebook-Gründer Mark Zuckerberg ergriffen: Er trägt stets ein graues T-Shirt. Es ist nicht immer dasselbe, nur das Gleiche. Sein Schrank ist gefüllt mit dieser grauen Ware. Auf einem Podium verriet Zuckerberg dann einmal, was es damit auf sich habe: »Auch wenn es sich albern anhört, so ist es doch wahr«, sagte er. Dass er nur graue T-Shirts trage, komme den Nutzern zugute. Wie das denn? Nun, Zuckerberg wolle in seinem öden Leben so wenig unnötige Entscheidungen wie möglich treffen, die nicht zu einer Verbesserung der Facebook-Community beitragen würden, zitierte ihn die *New York Times* im Jahr 2014. Da selbst kleine Entscheidungen wie Kleidungsstil Zeit und Energie verbrauchen würden, versuche der Mann, diese Dinge zu umgehen. Steve Jobs nennt er hier als weiteres Beispiel – neben Barack Obama. Da, lieber Mark, erkennt man dann doch Unterschiede.

Mark Zuckerberg imitierte also Steve Jobs imitierte Akio Morita. Oder: Facebook will wie Apple sein will wie Sony sein. Und Startup will wie Mark und Steve sein. Und Daimler will wie Startup sein. Komische Welt.

Eines trägt Zuckerberg gerne, wenn es kein graues T-Shirt ist: einen grauen Kapuzenpulli, auch Hoodie genannt. Noch so ein Kleidungsstück, das einer Uniform im Startup-Wesen gleichkommt. Jeder, der sich in Deutschland digital fühlt, trägt Hoodie. Selbst Chefs glaubwürdiger Medien.

Der Kapuzenpulli gilt als sehr amerikanisch, wenn man mal die ursprünglichen Mönchsklamotten beiseitelässt. In den 1930er-Jahren hatte der Bekleidungshersteller Champion diese Hoodies hergestellt, und zwar für Arbeiter von Tiefkühllagern in New York. Spätestens seit 2012 gilt das Kleidungsstück auch als leiser Protest gegen Rassismus, als Nachrichtensprecher Geraldo Rivera Jugendliche aufgefordert hatte, Hoodies zu tragen, um sich nicht in Gefahr zu bringen, nachdem ein gewisser Trayvon Martin umgekommen war.

Zuckerberg trug schon vor 2012, dem Jahr, an dem Facebook an die Börse ging, seinen Hoodie – und ist auch mit diesem Stoff bei Madame Tussauds zu sehen. Der Hoodie sei laut *Welt* »prototypisch für die Modeseele des Mannes. Sie basiert auf: 40 Prozent Sentiment, 40 Prozent Zufall, 15 Prozent Insiderwissen, 5 Prozent Geschmack. Und sie zeigt, worauf es bei sogenannten Basics ankommt: Ein kleiner ironischer Schlenker, eine historische Referenz, oder ein Farb- oder Materialbruch machen aus Funktionswäsche ein Statement.«

Als einer der erfolgreichsten Startup-Manager im Silicon Valley gilt Peter Thiel, Mitbegründer von Paypal, der mal ein Seminar an der Stanford-Universität halten durfte. Jener Thiel hat seine universitären Ratschläge inzwischen zu einem Buch binden lassen, das den Titel trägt *Zero to One*. Und darin wird verraten, wie er und seine Artgenossen Startup-Gründer, die gerade Geld zusammentreiben wollen, beurteilen: »Die Öko-Manager kamen in Anzug und Krawatte. Für uns war das ein ganz schlechtes Zeichen, denn Entwickler tragen Jeans und T-Shirt. Also stellten wir eine einfache Regel auf. Wer im Anzug kommt, ist schon durchgefallen.«

Wow, dieses Unvermögen an Urteilsfähigkeit trägt Peter Thiel in einer geballten Relevanzlosigkeit auch noch an die Öffentlichkeit. Da war die künstliche Intelligenz in den 1970er-Jahren schon weiter. Leider führt ein Peter Thiel damit sehr klar vor Augen, wie ein Startup tickt. Es geht bei der Kleidungswahl ganz klar um Kalkül. Locker ist anders.

VerDuzte Manager

Das Startup-Fieber erfasst nicht nur die Klamotten. Und so reicht es nicht, wenn das Management geschlossen Krawatten ablegt und in rote Sneakers hineinkriecht, um sich cool und locker zu geben. Es kommt noch eine wichtige Komponente aus der Startup-Kultur hinzu: das Du. Apple ist Du, Facebook ist Du, Google ist Du, alle sind jung, klug und erfolgreich, das wollen wir auch sein, also sind wir auch Du, so was von Du.

Der Hamburger Versandhändler Otto kommunizierte es als einer der Ersten. Deren Vorstände boten ihren Mitarbeitern in einem Schreiben das Du an: »Der Kulturwandel 4.0 macht auch vor der Anrede nicht Halt.« Barrieren, Hemmnisse, Hierarchien sollten aufgebrochen werden.

Und weil der große Otto jetzt per Du mit der ganzen Welt ist, wollte das auch der kleine Bruder Baur machen, der zum Konzern gehört. Doch den Oberfranken fiel das sichtlich schwer, eruierte der *Tagesspiegel*. Demnach habe Geschäftsführer Albert Klein einem Praktikanten beim Essen das Du angeboten, wie es die neue Firmenrichtlinie ja vorgibt. »Wenn man etwas älter ist, wie ich, das geb ich offen zu, ist das auch eine Umstellung, die mir persönlich auch nicht immer so ganz leichtgefallen ist«, zitierte ihn der *Tagesspiegel* am 22. Juli 2016.

Das Duzen soll Hierarchien abbauen. So wie es im Startup keine Hierarchien geben soll, muss das für alle gelten? Das ist gut, oder? »Der Manager von heute zeigt sich gerne weltoffen, agil und innovativ, statt sich mit zu viel Förmlichkeit aufzuhalten – und wirbt damit auch um kreative Köpfe aus der Gründer-Szene. Aber ist die neue Lässigkeit in den Chefetagen wirklich glaubwürdig – oder nur Fassade?«, fragte sich das *Manager Magazin* nur zwei Tage später.

Das Du schleicht sich schon seit Jahren in die Unternehmens- und auch Politikkultur. Als der einstige Bundeskanzler Helmut Kohl nach Maueröffnung 1990 dem letzten Ministerpräsidenten der DDR, Lothar de Maizière, das Du anbot, entgegnete dieser: »Herr Bundeskanzler, ich habe nicht 40 Jahre DDR-Genossen-Du überstanden, um mich nun in der Bundesrepublik gleich wieder duzen zu lassen.« So berichtete es die Welt am 10. Juni 2016 unter der Headline: »Duzen Sie noch, oder siezt du wieder?«

Im Jahr 2010 hatten sich bei der Teambank Nürnberg alle 1250 Mitarbeiter ab sofort zu duzen. Deren Vorstandsvorsitzender Theophil Graband war seither für alle nur noch der Theo, schrieb die *Süddeutsche Zeitung* (»Duzen oder Siezen? Die verduzte Gesellschaft«, 22. Mai 2010). Hans-Otto Schrader duzt beim Otto-Verand 53 000 Mitarbeiter, und als Lidl-Chef Klaus Gehrig bei der Schwarz-Gruppe an der Macht war, hatte er 375 000 Beschäftigte in seinem Du-Reich. Selbstverständlich zählt auch Porsche-Chef Oliver Blume zu denjenigen, die alle duzen, wie die *SZ* am 8. August 2018 zu berichten wusste.

Das Du ist also intravenös verabreichtes Startup-Feeling? Mitnichten. Der Befehl von Führungskräften im Du-Ton wird sogar schärfer: »Du machst jetzt dies und das …« Das klingt nicht nett. Dieses Du ist eine weitere Beschleunigung gelebten Kapitalismus. Das Du sorgt schneller für Geld als das umständliche und distanzierte Sie. Das Du ist hire and fire, es verpflichtet zu nichts, es ist respektlos – aber cool. Und es verblendet die

Menschheit, die glaubt, einen positiven Kulturwandel erleben zu dürfen.

In Betrieben kommt es immer zu Interessenskonflikten. Das Du ist keine Kultur – und damit kein Kulturwandel, sondern die Abschaffung der Kultur. Und es beschleunigt die Vermischung der Geschäftszeit mit der Privatsphäre: Bisher war von 9 bis 17 Uhr die Sie-Zeit, jetzt herrscht 24/7 Du-Zeit. Das Du kann im Arbeitsleben helfen, mit den Kollegen einen freundschaftlichen Umgang zu pflegen. Aber sicher nicht, wenn es von der Konzernspitze diktiert wird. Dann ist es aufgesetzt und kann nicht wirklich gelebt werden.

Bei Ikea wird man ja selbst als Kunde seit jeher geduzt, andere Möbelhäuser verticken Freundschaftskarten. Ja, will ich denn mit jedem gleich ins Bett gehen müssen? Okay, nun mal locker. Ikea gibt es ja auch im Silicon Valley. Und dort ist niemand sauer, wenn er geduzt wird. Klar liegt das an der Sprache, am unverbindlichen You, aber es liegt auch an der Mentalität. Dort ist niemand so verkrampft wie in Deutschland. Alles klar, du?

Ursprünglich hat das Aufkeimen des Du nichts mit der Startup-Szene zu tun. Es kommt hierzulande aus dem Geduze der 1960er-Jahre. Linke Studenten, bestätigt die *Süddeutsche Zeitung* in dem Beitrag »Duzen oder Siezen?«, setzten das Du durch, als Statement, hierarchiekritisch zu sein. Es »hatte so was von Graswurzelsolidarität und wohligem Einnisten, natürlich, da draußen, im allgemeinen Verblendungszusammenhang, herrscht die Kälte des entfremdeten Sie, unter uns aber soll es anders sein. Wenn die Sprache das Haus des Menschen ist, dann ist dieses studentische Du die WG dazu.« Wie mutig damals das Duzen noch war, wusste die *Welt* vom 10. Juni 2016 zu berichten: Noch im Jahr 1977 wurde die Marktfrau aus Nürnberg, Kunigunde Herbst, wegen »hartnäckigen Duzens« zu einer Geldstrafe von 2500 Mark verurteilt.

Aufkleber auf Laptops

Besonders auffällig in Startups: überall aufgeklappte Laptops, deren Deckel voller Aufkleber leuchten. Was das wohl sagen soll?

Kleiner Exkurs: Jahrzehntelang galt im Straßenverkehr das ungeschriebene Gesetz: Wenn jemand mit Hut fährt, ist das eine Art Warnung. Vor allem Mercedes-Fahrer galten als Vertreter der Kopfbedeckungsspezies mit der Mentalität: »I fahr Daimler und Stroß kehr't mir«, wie Schwabenrocker Wolle Kriwanek 1980 besang. Und so wie einst der Hut als Warnsignal für die restliche Weltbevölkerung diente, so ist es heute der Bebber, wie Schwaben sagen würden – der Aufkleber oder Sticker, um es international klingen zu lassen.

Der Aufkleber? Ja, und zwar eben dieser Aufkleber auf Laptops, auf den hochgeklappten Laptops. Er warnt vor intoleranten Tech-Nerds, die in ihrer selbstverliebten Arroganz und Selbstüberschätzung keine andere Meinung zulassen, weil sie, um es klar zu sagen, immer recht haben. Der Sticker ist also ein rechtlich zugelassener Warnhinweis, der in etwa sagt: »Mit diesem Typen zu sprechen, kann Ihre Gesundheit akut gefährden, Ihr weiteres Leben beeinträchtigen, Sie aggressiv machen und zu grundlosen Streitereien führen! Vermeiden Sie Laptop-Besitzer mit Stickern auf jeden Fall. Machen Sie einen großen Bogen um sie. Daher die dringliche Bitte: Aufkleber können Ihr Leben verkürzen oder es nachhaltig in Mitleidenschaft ziehen. Ziehen Sie Ihre Schlüsse daraus und machen mindestens das Licht aus!«

Aufkleber auf Laptops sind eine Art Machtdemonstration, sie ersetzen quasi die Krawatte. So wie bei Reichen einst auf ihren Koffern Aufkleber aus aller Welt prangten, gleich Trophäen aus Paris, Rom und womöglich New York, so sind es heute die Sticker auf den Laptops, die zeigen, wo man überall war. Allerdings geht es weniger um bereiste Länder als um besuchte Unternehmen, etwa im Silicon Valley.

Beliebt sind Aufkleber von Startups. Vor allem von solchen, die am besten noch niemand kennt, an die man aber glaubt. Was man damit zeigt, indem man den Kleber auf seinen Computer klebt. Besonders hoch im Kurs steht das selbstklebende Schmuckwerk von Firmen wie Adobe oder Salesforce, die alljährlich Tausende von Menschen, potenziellen Kunden oder auch Journalisten nach London, Las Vegas oder San Francisco einfliegen lassen, um Verkaufsveranstaltungen mit Rockkonzerten zu verknüpfen.

Ja, richtig gelesen, da werden Zehntausende von Menschen eingeladen, oft inklusive Flug und Hotel, um den Verkauf von Heizdecken anzukurbeln, in Form von Software natürlich. Selbstverständlich wird nicht jeder eingeladen. Die besten Kunden von Salesforce werden sogar für deren Butterfahrt nach San Francisco zur Kasse gebeten und müssen rund 2000 Euro löhnen. Scheint zu funktionieren. Denn wer auf einer solchen Heizdecken-Butterfahrt war, prahlt sein restliches Laptop-Leben damit – in Form eines Stickers. Wow, was für ein System!

Was waren mal Aufkleber in Mode, einst in den 1970ern bis weit in die 1980er-Jahre hinein. Damals beklebte man den Hintern seines Autos – um Rostflecken zu kaschieren. Je mehr Rostbeule, desto mehr Sticker. Und heute stehen diese selbstklebenden kindischen Dinger für Startup? Für Aufbruch? Für Investition? Liebe, Glaube, Hoffnung? Sie sind auch ein Stück Identifikation. Teil des Ichs. Im Silicon Valley findet man jedenfalls ganze Lebensläufe auf Laptopdeckeln. Fünf Stationen bei Fünfundzwanzigjährigen.

Sehr beliebt ist bei der Wahl von Aufklebern die Integration des Apple-Logos. Weil in der coolen Szene eh nur Apple-Geräte als Handwerkszeug akzeptiert werden, leuchten in Konferenzen rundum die Äpfel – wie schön, wenn dann der Apfel quasi Teil des Aufklebers wird, etwa auf der Hand von Schneewittchen. Oder Strichmännchen, die sich gegen den Apfel lehnen. Oder die Buchstaben »An« vor dem Apfel und »a day …« danach. Oder, auch so was von lustig, ein schattierter Pferdekopf, der gerade in den Apfel beißen will, der Spruch dazu: »Oooh … is that for me?«

Meistens sind Laptop-Aufkleber allerdings nur schwacher Ausdruck des eigenen schwachen Ichs. Sie spiegeln im Idealfall den eigenen Humor wider, ganz gleich, wie groß dieser ist. Und sie zeigen den Grad der Coolness. Besonders cool ist mit an Sicherheit grenzender Wahrscheinlichkeit der Spruch »#LÄUFT«. Unkommentiert lassen wollen wir Sprüche wie:

- »I never lose. Either I win or I learn.«
- »Go Play Outside.«
- »Coffee is always a good idea.«
- »Ich mache so lange weiter, bis das Ding funktioniert – oder ganz kaputt ist.«
- »Ich bin nicht nur der Hammer, ich bin die ganze Werkzeugkiste.«
- »Hey, entschuldige bitte, wenn ich mich manchmal etwas ungeschickt und tollpatschig anstelle … Ich lebe zum allerersten Mal.«
- »If you can dream it, you can do it!«
- »Love what you do.«
- »Some of us are human.«
- »Think happy. Be happy.«
- »Love yourself.«
- »Why be normal?«
- »Say Yes to new Adventures.«
- »Fuck you.«

Was Aufkleber über die Persönlichkeit ihrer Laptopbesitzer sagen? Vielleicht, wie fortschrittlich und weltoffen sie sind. Oder dass sie beispielsweise bei Barcamps oder Hackathons mitgemacht haben. Eine Challenge manifestiert sich immer in einem Sticker.

Aufkleber auf Laptops in Startups scheinen inzwischen ein gesellschaftliches Muss zu sein, vielleicht wie in biederen Spießerkreisen das Tattoo. Nur wer wirklich locker, souverän und cool ist, kann es sich leisten, keinen Aufkleber auf seinem Laptop zu haben.

Visitenkarte

Bevor ein Startup gegründet wird, scheint die Visitenkarte gedruckt zu werden. Ja, tatsächlich legt jede noch so junge und flippige Startup-Kreatur bei einem Termin eine Visitenkarte in gedruckter Form auf den Tisch. Obgleich schon längst Smartphones unkontrolliert miteinander kommunizieren und sich die Informationen austauschen, die sie wollen.

Erste Auffälligkeit der Visitenkarten: Startups heißen alle gleich. Deren Namen sind meist völlig austauschbar und geben keinerlei Hinweise auf ihr Tun. Selbst deren Unterzeilen, Slogan oder Motto, geben kaum Inhalte preis. Das mag viel über jene Startups sagen.

Aus der Digitalmarketingmesse Dmexco finden sich dazu ein paar Beispiele, wie auf *wuv.de* am 14. September 2018 publiziert. Kostproben gefällig? »Real engagement. Right now« (Leanplum). Oder: »beyond digital media« (Intango). »Own the experience« (Sitecore). »Impressions that inspire« (Sizmek). »The experience makes the difference« (Styla). Tja, da wackelt man kopfschüttelnd durch die Gänge wie ein Wackeldackel. Natürlich gibt es auch positive Beispiele. Klarna etwa mit »smooth payments« oder Findologic mit »stop searching – find!«.

Die Professionalität lässt bei Startups häufig zu wünschen übrig. Tausend Unternehmen wollten sich etwa auf jener Dmexco in Köln von der besten Seite zeigen, es herrscht ein großes Namens- und Logo-Wirrwarr, 95 Prozent der Namen hat man noch nie gehört. Da stecken manche Unternehmen etliche Hunderttausende von Euro in ihren Stand – und denken nicht an klassische Werbung, zu der man auch Digitalwerbung zählen muss.

Das Zweite, was auf der Visitenkarte auffällt, ist die Berufsbezeichnung der Mitarbeiter von Startups. Alle Welt scheint Manager zu sein. »Marketing Manager«, »Sales Manager«, »Nonsales Manager«, »Care Manager« und so weiter. Als eine Firma auf der Dmexco von einem Mittelständler konkret nach einer E-Commerce-Lösung gefragt wird, antwortete ein »Senior Manager Customer Success« ziemlich sorglos: »Wir können alles.« Auf weitere konkrete Nachfrage des potenziellen Kunden: »Für jede Disziplin sind wir der richtige Ansprechpartner.« Später fielen noch Sätze wie »Wir machen 360-Grad-Commerce« oder »Wir haben Kompetenz für große und für kleine Unternehmen«.

Besonders beliebt ist auch die Visitenkarte, die nur drei Buchstaben enthält: CDO. Kein etabliertes Unternehmen der Welt, kein Konzern, so scheint es, kommt ohne einen CDO aus. Ohne was? Nein, CDO ist keine Partei, also keine christlich-demokratische Organisation oder so. Es geht um einen sogenannten »Chief Digital Officer« – in Anlehnung an CEO, CMO oder CWE, also Chief WhatEver.

Nehmen wir als Beispiel ein Unternehmen wie Volkswagen, bei dem man davon ausgehen müsste, dass dort unter den Hunderttausenden von Mitarbeitern auch digitale Experten arbeiten, die sich hauptberuflich mit einem Tachometer, einem Einspritzmotor oder einer digitalen Uhr beschäftigen. Oder mit Software für Dieselaggregate. Volkswagen kommunizierte die Implementierung eines CDO mit der Ausführung eines extrem professionellen Bullshit-Bingos. Man schrieb ungefähr das Jahr 2015 oder 2016 oder, um es in der Zeitrechnung von VW zu sagen: kurz vor der Dieselaffäre.

Der neue CDO von Volkswagen, Johann Jungwirth, jedenfalls wurde auch von der gesamten Wirtschaftspresse wortstark angepriesen: Er »verantwortet die digitale Transformation«. Er »weist den Weg in die digitale Zukunft«. Er »schafft den digitalen Wandel« und so weiter und so fort. Dann hörte man nichts mehr. Während die stickigen Dieselschwaden nicht verduften wollten, muss irgendwo in den fernen Gefilden von Wolfsburg ein CDO gelebt haben – oder vielleicht sogar noch leben. Aber was hat er gemacht? Was macht überhaupt ein CDO? Bei VW mag es sogar noch klar sein: Dieselgate war ja ein reiner Softwarebetrug, glaubt man den Aussagen fieser Medien. Ein CDO hat also mehr Einfluss auf die Verbrauchswerte, als es der Motoringenieur hat. Damit können wir ahnen, was ein CDO bei einem Autobauer zu tun hat.

Aber auch Medienhäuser suchen händeringend einen CDO. Da es den CDO an sich ja eigentlich gar nicht gibt, wird er geschaffen. Die Nachfrage nach dem Nichts eines CDOs ist gigantisch. Bei Medienhäusern werden plötzlich Journalisten zu CDOs ernannt, weil sie schon einmal in ihrem Leben getwittert haben.

Moment, ein kleiner Einschub, der sein muss: Es war einmal ein Junge, der wurde plötzlich König vom Zwitscherreich, auch Geschäftsführer von Twitter genannt. Da stellte sich die Frage: Wie oft, lieber neuer Twitter-König, haben Sie in Ihrem gesamten Leben schon getwittert? Die Antwort lautete wie die Antwort auf alle Fragen auf dieser Welt: 42. Nein, schlimmer, es waren laut *Handelsblatt* noch weniger Tweets, nur so um die 20 Stück, die der Twitter-Chef des Landes je von sich gab. Also in etwa so viel, wie ein gewisser amerikanischer Trump pro Tag von sich piepst. Der Junge, der Mister Twitter wurde, war übrigens ein echter Digitaler: Er kam von Google.

Zurück zu den drei Buchstaben CDO: Ja, Journalisten, die schon einmal über Google recherchiert haben oder wissen, wie man einen Tweet absetzt, haben riesige Chancen, in ihren Medienkonzernen zum CDO zu werden. Und plötzlich hat der *Spiegel* einen CDO, die *FAZ* hat einen, jede größere Zeitung, ja, alle haben einen und sind froh darüber. Manchmal kommt es zu einem CDO-Reigen. Da geht der eine von der *SZ* zum *Spiegel*, der vom *Spiegel* zur *FAZ* und so weiter. Ein lustiges Spiel gegen Langeweile.

Medienhäuser, vor allem aus dem Druckgewerbe, haben schlicht Angst, den Anschluss an die Zukunft zu verlieren. Also haben sie das Gefühl, digital aufrüsten und Digitalexperten einstellen zu müssen. Innovationswettbewerbe ins Leben zu rufen, um ein Morgen zu planen. Vielversprechende Ideen mit großen Ertragsaussichten werden nicht verfolgt, wenn sie nicht digital sind. Denn nur digital ist radikal, ist morgen. Und das Morgen stirbt nie.

Wer beruflich Zukunft haben will, muss sich einfach das Wort »Digital« auf seine Visitenkarte drucken. Ob im Startup oder in jedem x-beliebigen Unternehmen. Oder, noch besser, das Digitale in seiner virtuellen Welt, seinem virtuellen Leben namens Xing oder LinkedIn verewigen – dann ist Zukunft garantiert. Wer aber übergreifend denkt, wer gar alte Geschäftsmodelle verfolgt, wird bald verfolgt – und zwar vom eigenen Personalchef, wenn der Opfer sucht, die das Unternehmen endlich verlassen sollen.

Siebte Lüge:

Startups sind coole Arbeitgeber

Bewerbung für das Bällebad

Die Anziehungskraft von Startups ist enorm. Wer möchte nicht dort arbeiten, mit all diesen kreativen jungen Menschen, um die Welt zu verändern? Wer möchte nicht während der Arbeitszeit eintauchen in neue digitale Tiefen – oder einfach in ein Bällebad als Konferenzraum?

Wer sich bei einem Startup bewirbt, muss genau diese oberflächlichen Dinge wie das Duzen oder das Tragen von Sneakers dringend beachten. Je oberflächlicher, je mainstreamiger, desto mehr Startup. Je individueller, desto mehr Ich, umso weniger Startup. Könnte man als Faustformel so definieren.

Eine Mittfünfzigerin, nennen wir sie Brigitte, hat mal den Test gemacht und bewarb sich bei einem Startup in Deutschland, als »Head of Communication«. In ihrem hohen Alter, so war ihr bewusst, würden ihre Chancen, dort den Job zu erhalten, mehr als schlecht stehen. Schließlich war sie dreißig Jahre älter als all die potenziellen Kolleginnen und Kollegen im Startup. Aber Brigitte hatte eine Idee: Sie bewarb sich nicht klassisch, aussagekräftig, informativ, sondern disruptiv – und griff mit vollen Händen ins Bullshit-Bingo. Entsprechend können wir aus ihrem Original-Anschreiben, das wie eine Satire wirkt, zitieren.

»Ihr habt meinen Traumjob im Angebot! Und ich greife zu. Mit mir bekommt ihr eine <u>agile Kommunikationsexpertin</u>. Ich habe

die Customer-Journey stets im Visier, weiß, wo die relevanten Touchpoints sind, kann Zielgruppen granular ansprechen und bin sicher, dass auch der Return of Investment am Ende des Tages über den Erfolg einer Kommunikationsmaßnahme entscheidet. […]

Ein breites Mediennetzwerk und Knowledge der Onlinebranche gehören zu meiner beruflichen DNA. Ich habe bereits jahrelang […], kenne alle Tricks und Kniffe des Metiers und kann ein einzigartiges Unternehmen wie […] mit tollen Produkten gemeinsam voranbringen. […]

Ich arbeite gerne mit und für Menschen […]. Meine Lebenssituation erlaubt es mir, mich voll und ganz für meine Aufgaben und meinen Arbeitgeber einzusetzen und flexibel zu arbeiten. […]

Ich freue mich auf deine Rückmeldung.«

Das Schreiben von Brigitte kam beim Startup gut an. Die tickt wie wir, muss man dort gedacht haben. Also wurde Brigitte zum Bewerbungsgespräch eingeladen. Eine Reise durch halb Deutschland mit dem Zug – natürlich auf eigene Kosten.

Das Startup befand sich in der Provinz, »wo niemand tot über dem Zaun hängen möchte«, wie Brigitte sagte. Dort angekommen traf die bunte schöne Welt des Internet-Startups auf die gnadenlose Realität des digitalen Arbeitsalltags. »Man erzählt mir vom Feelgood-Manager, von Smoothies, Events, der Essen zaubernden Kochfee und fragt mich, was ich denn so brauche, um mich am Arbeitsplatz wohlzufühlen«, berichtete Brigitte. Ihre Antwort: »Ein Handy, einen Laptop und eine funktionierende technische Infrastruktur. Punkt.« Fassungsloses Schweigen.

Die beiden jungen dynamischen Geschäftsführer, in Summe noch lange nicht so alt wie deren Bewerberin, orientierten sich an einem langen Fragebogen, den sie wohl irgendwo im Internet gefunden und ausgedruckt auf dem Tisch liegen hatten – prima Vorbereitung. Neben den jugendlichen Chefs saß noch eine Art beste Freundin, die sich, so schien es, nebenbei um Personal zu kümmern hatte. Fachfragen jedenfalls stellte sie nicht, und auch sonst stellte sie keine Fragen.

Die drei saßen der einsamen Bewerberin gegenüber. Man sei eine große Familie, unternehme auch nach Feierabend viel miteinander und fahre zum Beispiel am Gründungstag des Unternehmens gerne zusammen weg. Erwartungsvoll blickten sechs Augen zu der Novizin, warteten auf deren Reaktion. »Das ist ganz toll«, sagte Brigitte. Allerdings sei ihre Vorgehensweise, eher am und nie im System zu arbeiten, da ihr sonst der Blick für Relevanz verloren gehe. Und die Identifikation relevanter Inhalte und Themen sei nun mal essenziell in der Kommunikationsarbeit.

Ein ganz großer Fehler! Wer nicht für die Familie arbeitet, arbeitet gegen sie. Das galt so in etwa schon bei jeder erfolgreichen Mafia-Familie. Die Familie ist heilig, das Heiligste in jeder Startup-Kultur. Die Stimmung kippte. Die Blicke verloren an Wärme, einige Fragen aus dem ausgedruckten Bogen wurden erst gar nicht mehr gestellt.

Ob sie denn bemerkt habe, wie ruhig es in dem tollen modernen Großraumbüro sei? Das liege daran, dass man untereinander nur noch schriftlich per Skype kommuniziere. Allerdings habe man nun anhand von eigenen schriftlichen Umfragen festgestellt, dass die interne Kommunikation nicht gut funktioniere. Darum solle sich Brigitte auch kümmern. »Soll ich den Trick verraten?«, fragte Brigitte. »Na ja, reden könnte helfen.« In einem digitalen Szene-Startup, wo geslackt, geskypt, gefacebookt wird, da kann doch keine Bewerberin daherkommen und sagen, man solle es einfach mal mit Reden probieren.

Noch einmal versuchte Brigitte, über das Reden zu reden. Darüber, dass regelmäßige Jours fixes helfen könnten. Doch das wollte das Trio nicht mehr hören. Brigitte wurde als Ewiggestrige entlarvt, als eine mit alter Denke, das könne nichts werden. Dennoch wurde ihr, der Mittfünfzigerin, noch eine Frage gestellt: »Wo sehen Sie sich in zehn Jahren?« Ihre Antwort: »In der Karibik!« Es kam natürlich nicht zu einer Zusammenarbeit. Aber, was hätte Brigitte antworten sollen? Im Bällebad?

Frau, schau, wem!

Neues Denken, keine Hierarchien, coole Arbeitsbedingungen. Wenn Startups alte Zöpfe abschneiden, klingt das zugleich nach mehr Gleichberechtigung, nach aufgeklärter Emanzipation. Die Realität allerdings spiegelt – gerade für Frauen – ein brutales Bild wider: Gender-Gap beim Gehalt, Me-too-Debatte, überwiegend männlich besetzte Chefsessel – das ist die Startup-Kultur heute. Und dann wundert man sich, dass die deutsche Startup-Szene als erschreckend frauenfrei gilt, wie die *Welt* am 13. August 2017 schrieb.

Blicken wir zunächst ein paar Jahre zurück: Im Jahr 1985 lag der Frauenanteil in Informatikstudiengängen bei 37 Prozent. Als Computer immer mehr in Büros drangen, wurden sie als Jungsspielzeug verkauft, schrieb die *Süddeutsche Zeitung* am 7. Mai 2018. Apple kam später mit dem Slogan »The computer system that straight down to business« und nannte das Modell für das Büro »Lisa«, als handle es sich um eine Sekretärin.

Und so ist auch das kein Wunder: Für die mangelnde Präsenz von Frauen in seiner Branche nannte der Google-Mitarbeiter James Damore »biologische« Ursachen – und musste aufgrund seiner frauenfeindlichen Äußerungen das Unternehmen verlassen. Ernsthaft fabulierte er: Während Frauen Konsens suchten, interessierten sich Männer mehr für systematisches Denken. Männer würden harte Arbeitszeiten in Kauf nehmen, Frauen seien weniger stressresistent, Männer würden sich eher für Computer und Software begeistern, Frauen eher für Menschen. Diese Haltung war selbst für das Silicon Valley zu viel, also ausgerechnet in einer Gegend, wo es zu häufig zu sexistischen Vorfällen kommt und wo Gleichberechtigung noch ein Fremdwort zu sein scheint. Laut *Welt* hat die Startup-Szene ein Problem mit Frauen: »Jung, hip und offen? Von wegen. Jung, ja, aber ansonsten vor allem: männlich und weiß.«

Im Zentrum der Startup-Szene, im Silicon Valley, da muss es für junge Frauen besonders hart zugehen. Dort gibt es Sexfeiern, zu denen Gründerinnen geladen werden, »die glauben, alles mitmachen zu müssen, und Männer, die nicht merken, dass sie Teil des Problems sind«, wie die *Süddeutsche Zeitung* feststellte. In dem Artikel vom 29. Mai 2018 ging es um die Autorin Emily Chang, die die Fernsehsendung *Bloomberg Technology* moderiert und 2018 das Buch *Brotopia. Breaking Up the Boys' Club of Silicon Valley* publizierte. In dem Buch beschreibt Chang, dass sich freitags und samstags oft Geldgeber von den Wagniskapitalfirmen in Villen träfen und dazu junge Gründerinnen einlüden. Nach dem Business-Talk fielen die Hüllen. Chang laut *Süddeutscher Zeitung* wörtlich: »Für die allermeisten Frauen ist es so: Sie sind verdammt, wenn sie an den Partys teilnehmen, und genauso verdammt, wenn sie es nicht tun.« Bei den Partys gehe es »vielmehr um Macht als um Sex«. Die Machtdynamik sei völlig einseitig.

Die US-Autorin sprach auch das daraus resultierende Nachwuchsproblem an. Sechs junge Damen, die Programmieren gelernt haben, habe sie für ihr Buch interviewt. Sie seien voller Tatendrang, »aber sie lesen auch Nachrichten und kennen die Skandale über sexuelle Belästigung«. Das Silicon Valley belohne »ein Hyper-Selbstvertrauen, das an die Bereitschaft grenzt, ein Hochstapler zu sein. Das ist für viele Frauen kein natürliches Verhalten.«

Wie wir später sehen werden, liegt der Anteil von Gründerinnen in deutschen Startups lediglich bei 15,1 Prozent – mit sanfter Steigerung, berichtete der *Startup Monitor 2018*. In den Geschäftsführungen junger Unternehmen liegt die Frauenquote bei 15,2 Prozent, so die *Welt*. Sieht also nicht besser aus. In der ganz alten Welt, den fetten Dax-Konzernen, liegt der Frauenanteil in den Chefetagen bei 12,6 Prozent, was richtig mies ist, aber fast exakt der gleiche Anteil wie in den modern anmutenden Startups.

Ein Reizthema soll laut *Welt* verhindern, dass es bei Startups weniger Frauenkarrieren gebe als in der Old Economy: die Vereinbarkeit von Beruf und Familie. Das ist schon ziemlich merkwürdig, wo doch gerade diese unbürokratischen Startups prädestiniert für den freien Umgang mit Arbeitsstunden und -orten sind. Doch die absolute Hingabe, die junge Firmen verlangen, immer erreichbar zu sein, Tag und Nacht, ohne dafür bezahlt zu werden, ist problematisch. So sieht es die *Welt* – und erkennt ein Postulat von Damore, das durchaus Sinn ergibt: Die Rollenbilder von Mann und Frau müssten dringend mal eingemottet werden. »Wenn wir Männern erlauben, weiblicher zu sein, schrumpft der Gendergap.« Hätte Damore sich andere Teile seines Manifests schlicht erspart, hätte er wohl noch seinen Job und »eine Menge Fans unter den Frauen«, kommentiert die *Welt*.

Startups sollen also die neue Unternehmenskultur sein? Sie sollen also traditionelle Unternehmen so umkrempeln, dass alles irgendwie Startup ist, oder was? Für Frauen wären das keine guten Perspektiven. Ein Grund dafür ist, dass die Wagniskapitalszene als »Boys' Club« gilt, wie die *Frankfurter Allgemeine Zeitung* am 29. März 2018 schrieb. Frauen und ethnische Minderheiten seien demnach in der amerikanischen Technologiebranche unterrepräsentiert. Der »von weißen Männern dominierte Boys' Club« sei für Unternehmensgründer im Silicon Valley eine unverzichtbare Geldquelle und daher »eine sehr mächtige Gruppe«, so die *FAZ*.

Zugegeben: Google und Facebook sind da schon weiter als die jüngeren Startups. Bei den beiden Riesen ist rund ein Drittel der Mitarbeiter weiblich, schaut man in die Führungsetage, so liegt die Frauenquote immerhin bei gut einem Viertel. Gerade bei Facebook sind auch die obersten Chefsessel oft weiblich, angefangen von COO Sheryl Sandberg über die Europa-Chefin Nicola Mendelsohn, die trotz einer unheilbaren Krankheit weitermachte, bis zur einstigen Deutschland-Chefin Marianne Bullwinkel. Doch beim Programmierteam von Facebook liegt die Quote der Frauen wieder bei mickrigen 19 Prozent, so die *SZ* am 6. Mai 2018.

Startups liegen besonders fest in Männerhand, hier sieht die Welt herr-lich oder geradezu herrschaftlich aus. Laut einer Umfrage des Branchenverbandes National Venture Capital Association liegt die Ursache dafür womöglich schon bei den Investoren: Demnach sind nur 11 Prozent der für Investitionsentscheidungen zuständigen Partner in Wagniskapitalgesellschaften weiblich. Es ist sogar noch schlimmer: Im Jahr 2017 sollen nur 2 Prozent des in den USA insgesamt vergebenen Risikokapitals an weibliche Gründer vergeben worden sein. 2 Prozent – geht so Startup?

Investoren scheinen nicht gerade die gerechtesten Menschen auf diesem Planeten zu sein: Frauen erhielten laut *Berliner Zeitung* durchschnittlich nur ein Viertel der Summe, die sie benötigt hätten, Männer doppelt so viel. Zudem gab es eine unterschiedliche Bewertung von Charaktereigenschaften: Einer arroganten oder aggressiven Frau wurde von Kapitalgebern ein emotionales Defizit unterstellt, während diese Attribute bei Männern positiv ankamen. Das alles hat eine Studie der Universität Harvard herausgefunden, allerdings in Schweden. Aber Schweden ist überall.

In der *Berliner Zeitung* spricht Claudia Große-Leege als Geschäftsführerin des Verbands deutscher Unternehmerinnen (VdU) davon, dass sie immer wieder von Gründerinnen höre, »dass die Startup-Szene von einer Macho-Kultur geprägt ist, in der alte Mechanismen eine Rolle spielen«. Inspiziert man die Studien, die es zu dem Thema Investoren von Startups gibt, stößt man ständig auf die gleiche Erkenntnis: Männer fördern Männer – weil sie glauben, dass sie diese besser verstehen.

Die Folgen sind bekannt: Nach einem Artikel der *Berliner Zeitung* vom 2. Januar 2018 sind im Silicon Valley 10 Prozent der Manager weiblich, in der Schweiz sind es 9 Prozent, in Großbritannien und Griechenland stolze 30 Prozent. Immerhin gibt es erste Vorstöße in den USA, Gründerinnen zu fördern. Melinda Gates, Frau des Microsoft-Gründers Bill Gates, setzt bewusst Zeichen, etwa auf einer Digitalkonferenz wie der »South by Southwest« in Austin. Die größte Initiative ist »Founders for Change«, von mehr als sechshundert Gründerinnen und Gründern gestartet, um Investoren zu beeinflussen.

Ist beim Thema Frauen und Startups vielleicht Deutschland weiter? Nun ja, in den vergangenen Jahren dümpelte die Quote von Frauen unter Gründern bei 13 bis 15 Prozent, ging stets nach oben, sodass irgendwann im Jahr 2050 oder später der Anteil theoretisch ausgeglichen sein könnte. Berliner Startups haben dabei den höchsten Anteil unter Frauen, 16,2 Prozent, während Hamburger und Münchner Startups mit je 10,5 Prozent den niedrigsten Frauenanteil unter den Gründerinnen aufweisen. Das dokumentiert der jährlich erscheinende *Startup Monitor*.

Kein Wunder ist, dass Frauen sogar bei den populärsten Startups in den Führungsetagen unterrepräsentiert sind. Beim Essenslieferant Delivery Hero ist keine einzige Frau im Vorstand oder Aufsichtsrat zu finden. Bei Rocket-Internet, eine Startup-Fabrik, sitzen ausschließlich Männer in den obersten Führungsriegen. Bei Zalando sind im neunköpfigen Aufsichtsrat zwei Frauen, den Vorstand teilen sich drei Jungs, alle natürlich ohne Krawatte.

Besonders dramatisch sieht es mit dem Frauenanteil bei Startups aus, die Hightech-Themen als Geschäftsmodell haben, etwa künstliche Intelligenz oder vernetzte Geräte. Hier sind nur 5 Prozent der Gründer Frauen – das berichtet die Gründerin Güncem Campagna in der *Zeit* 33/2017. Liegt dieses Ungleichgewicht an den Startups oder an den Frauen selbst? Campagna hat hierzu eine Meinung: »Frauen neigen zu Perfektionismus, hinterfragen sich sehr kritisch, schüren ihre Zweifel. Das verträgt sich nicht mit der Startup-Kultur.« Heißt: Frauen sind vernünftiger. Und wo die Welt vernünftiger ist, gibt es weniger Startups.

Neben der Vernunft kommt noch ein Faktor wie Ehrlichkeit hinzu. Gerade bei Investoren müsse man sein Produkt geradezu überverkaufen. Auch wenn die Regeln der Marktwirtschaft für alle Geschlechter gleich seien, so Campagna, belohne sie derzeit ausschließlich ein großes Selbstbewusstsein, Mut zum Risiko und Personen, die sich nicht um Kinderbetreuung kümmern müssen. Denn: »Dazu kommen Phasen, in denen arbeitet man sieben Tage die Woche. Es gibt Durststrecken, in denen man wenig verkauft. Investoren springen ab. Diese Strukturen sind nicht gerade das, was ich als familienfreundlich oder frauenfreundlich bezeichnen würde«, sagt Campagna in der *Zeit*.

Die Genderdebatte wird in Deutschland auch über den Digitalverband Bitkom geführt. In einer Studie stellte der Verband fest, dass der Anteil weiblicher Mitarbeiter insgesamt nur bei 27 Prozent liegt – und nur in jedem sechsten Startup mindestens die Hälfte der Beschäftigten weiblich ist. Bitkom erkannte allerdings nur einen Grund in dem Frauenmangel: Es gebe immer noch zu wenig Frauen, die sich für ein technisches oder für ein Informatikstudium entscheiden würden.

Das kann man so sehen. Doch die Realität hat noch einen Haken: Nach einer Analyse der Gehälter in der Startup-Szene verdienen Frauen besonders schlecht. Das ermittelte das Karriereportal *Jobspotting* gemeinsam mit der Hochschule Aalen und dem Branchendienst Berlin-Startup-Jobs. Der Gender-Pay-Gap liegt demzufolge in Startups bei 25 Prozent in Berlin, deutschlandweit sind es 22,4 Prozent und in der EU 16,4 Prozent. Aber ums Geld geht es den meist jungen Menschen ja nicht bei Startups: Das mittlere durchschnittliche Bruttomonatseinkommen liegt für Einstiegspositionen laut der Studie aus dem Jahr 2016 bei 2300 Euro, nach sechs Jahren bei knapp 3900 Euro.

Noch ein wesentlicher Punkt, warum sich Frauen in Startups nicht wohlfühlen können. Sexuelle Belästigung ist in Startups ein dramatisch großes Thema, deutlich mehr als in traditionellen Unternehmen. Nach einer Studie des Marktforschungsinstituts Innofact im Auftrag der *Bild am Sonntag* vom 24. Juni 2017, bei der 1247 Frauen befragt wurden, werden Startup-Mitarbeiterinnen mehr als doppelt so häufig belästigt wie Frauen in klassischen Unternehmen. Demnach spiegelt sich die Me-too-Debatte wider in dem, was in einem Zeitraum von einem Jahr Mitarbeiterinnen erleben mussten.

Belästigung	Startups	Klassische Unternehmen
Anzügliche Witze und Kommentare	54 %	28 %
Anzügliche Blicke	44 %	20 %
Unerwünschte Berührungen	33 %	12 %
Sexuell eindeutige Nachrichten	27 %	6 %
Unerwünschte Küsse	20 %	5 %

Belästigung am Arbeitsplatz.

Es ist ein trauriges Bild, denn selbst in der Bundeswehr scheint die Situation weniger schlimm zu sein. Hier berichten laut einer Studie, die im Auftrag des Verteidigungsministeriums durchgeführt wurde, »nur« 25 Prozent der Frauen von »unerwünschten sexuell bestimmten körperlichen Berührungen«. Das sind 8 Prozent weniger als in den ach so modernen und lockeren Startups.

Woran diese gigantischen Unterschiede zwischen Startups und klassischen Unternehmen in puncto sexuelle Belästigungen liegen, wird damit zu erklären versucht, dass in Startups die Mitarbeiter jünger seien, die Hierarchien flacher, es viele Partys mit viel Alkohol und weniger Regeln gebe. Mal ehrlich: Können das ernsthaft Begründungen dafür sein, dass Frauen so oft drangsaliert werden? Startups sind doch kein rechtsfreier Raum für sexuelle Eskapaden. Da müssen bei allen die Alarmglocken läuten.

Schließlich gibt es noch eine Studie, die zeigt, warum so wenige Frauen bei Startups arbeiten. Tech-Firmen gelten als Frauenschreck, fasste der *Spiegel* 11/2018 eine Studie der Eliteuniversität Stanford aus Kalifornien zusammen. Die Geschlechterforscher fanden heraus, dass auf 84 Prozent der entsprechenden Jobbörsen, bei denen der Nachwuchs angelockt werden sollte, hoch qualifizierte Frauen, also potenzielle Vorbilder, keine Rolle spielten. Das muss man sich mal vorstellen: Nur bei 16 Prozent der Präsentationen wurden relevante Rollen im Job von Frauen besetzt – in Präsentationen, die eh für das Jungvolk meist ein wenig geschönt werden. Auch Lockmittel, die bei den Jobbörsen genannt wurden, bezogen sich tendenziell auf eher männliche Interessen: Tischtennis und Tischfußball kann man ja noch genderübergreifend gelten lassen, doch wurde auch mit Kühlschränken voller Bier gelockt. Aber dann bedauert der Verband Bitkom, dass es bei Startups so wenig Frauen gebe – und das an der Ausbildung liege. Irgendwie scheint es in der Branche ein Wahrnehmungsproblem zu geben – zulasten der Frauen.

»Wir schaffen es einfach nicht, diesen Gender Gap zu schließen«, hieß es noch 2018 auf der Berliner Republica, die sich als Europas größte Digitalkonferenz bezeichnet. Ein trauriger Versuch wurde dort unternommen, indem die Reihe »Fe:male Digital Footprint« ins Programmheft genommen wurde, mit den einleitenden Worten, dass das Thema Gender und Coding noch in den Kinderschuhen stecke. Fast weltfremd hieß es dort von der Moderatorin, dass Frauen aufpassen sollten, »dass sie nicht irgendwann in einer Welt aufwachen, die nicht für sie gemacht ist«. Willkommen in der Realität.

Solange Frauen auf Veranstaltungen wie der Republica einen sogenannten »Makerspace« erhalten, wo sie aus Stoff und LED-Lämpchen leuchtende Buttons für den Feminismus nähen, auf denen laut *SZ* »GRL PWR« steht, mutmaßlich für ein pseudoselbstbewusstes Girlpower, hat die schöne neue Welt das Thema Frauen leider schlicht nicht verstanden. Feminismus ist kein Nähkurs, Feminismus ist die selbstverständliche Basis eines gleichberechtigten gesellschaftlichen Zusammenlebens.

»Die Digitalisierung ist eine Chance, Gleichberechtigung und Diversität in der Gesellschaft zu verankern«, sagte im Rahmen der Republica die Recruiting-Expertin Constanze Buchheim. Man könne sie nutzen oder verstreichen lassen. »Im Augenblick arbeiten wir daran, sie verstreichen zu lassen«, wird sie in der *Süddeutschen Zeitung* zitiert.

Wie das System Startup wirklich funktioniert, gerade für junge Frauen, hat die Französin Mathilde Ramadier in einem Buch verewigt. Es trägt den Titel *Willkommen in der neuen Welt. Wie ich die Coolness von Start-ups überlebt habe.* Sie sieht ihr Werk als eine Warnung an junge Leute, die im Modell Startup ihre Zukunft sehen. Die Autorin, geboren 1987, wollte als Dreiundzwanzigjährige etwas Geld verdienen, um sich ihren Traum in der schreibenden Zunft zu verwirklichen. Also folgte sie dem Ruf Berlins, um in die Startup-Szene einzutauchen. Dass Ramadier schon in etlichen Agenturen Berufserfahrung gesammelt hatte, unter anderem Philosophie studiert hatte und als Übersetzerin arbeitete, sei nur am Rande erwähnt.

Aus ihrer Idee, zu einem Startup zu gehen, wurden zwölf – nicht zwölf Ideen, sondern zwölf Startups. Ihre Erfahrungen, die sie dort gesammelt hatte, »waren leider alle schlecht«, erzählte sie am 30. Oktober 2017 in einem Interview mit dem Radiosender RBB. »Ich war schlecht bezahlt, hatte einen prekären Vertrag, oder die Stimmung am Arbeitsplatz war ganz kritisch.«

Ohne große Erwartungen stürzte sie sich in das Abenteuer Startup. Meist arbeitete sie für E-Commerce-Startups, wo es ihr schnell langweilig wurde, weil sie schlicht überqualifiziert war. Stundenlang hing sie vor Excel-Tabellen, musste ewig irgendwelche Datenbanken ausfüllen, was meist mit einem, wie sie sagt, »Bore-out« endete, dem Gegenteil von Burn-out. Dabei trug Mathilde Ramadier meist großartige Titelbezeichnungen, etwa »Country Manager« oder »People Manager«. »Man ist immer Manager von irgendetwas«, sagt sie in dem Radiointerview, »aber die Realität ist anders […], es bleibt vom Manager meist nur der Titel.«

Auch die Bezahlung: ein Drama. 960 Euro erhielt sie im Jahr 2013, das war allerdings noch vor Einführung des Mindestlohns. Heute ist es oft so, dass die wenigen tatsächlich fest angestellten

Mitarbeiter ihren Mindestlohn erhalten. Dafür erscheint es leichter denn je, in die Geschäftsführung oder das Management-Team aufgenommen zu werden. Denn für die obersten Chefs gilt der Mindestlohn nicht. Nach einer Umfrage von *Gründerszene* vom 16. September 2013 meldeten sich 25 Jungunternehmer, deren Gehälter zwischen 0 Euro und 20 000 Euro lagen, pro Jahr. Vor allem bei eigenfinanzierten Gründungen konnten sich die Gründer anfangs kein Gehalt auszahlen. Nach jener Umfrage liegen die Gehälter – inflationsbereinigt auf das Jahr 2019 adaptiert – in der Geschäftsführungsebene zwischen 2500 und 9000 Euro im Monat. Der Durchschnitt wird mit 4000 bis 6000 Euro angegeben.

Die Diskrepanz ergibt sich bei Startups nicht nur aus dem Alter heraus, sondern aus dem dramatischen Gehaltsunterschied zwischen Männern und Frauen. Da denkt man, in den Startups ist alles so modern und entsprechend gleichberechtigt, alle sind per Du und arbeiten auf Augenhöhe, doch blickt man auf den Gehaltscheck, sieht die Welt bedrohlich anders aus. Über alle Hierarchieebenen hinweg, so die *Gründerszene*-Studie weiter, verdienen Männer meist deutlich mehr als Frauen. Der Unterschied bewege sich bei einem Prozentplus zwischen 15 und 30 Prozent, und an diesem Missstand ändere auch der Grad an Erfahrung nichts. Und noch eine Erkenntnis, die Diskriminierendes ans Licht bringt: »Deutlich weniger Frauen schaffen es in der Startup-Welt in Führungspositionen, und eine Mitarbeiterin verdient nicht selten ein Fünftel bis ein Viertel weniger als ihr männlicher Konterpart«, so *Gründerszene*.

Gehen wir noch einmal zurück zu der Französin Mathilde Ramadier. Auch sie erlebte ja all die Annehmlichkeiten, für die Startups stehen. »Tatsächlich gibt es einen perversen Effekt. Wenn man mit seinen Kollegen befreundet ist, es einen Kicker gibt, das Essen umsonst ist und lecker und vegan, dann ist es schwieriger, sich zu beklagen.« Und, so Ramadier weiter, es sei schwieriger, Nein zu sagen, wenn man unbezahlte Überstunden machen soll.

Ach ja, dass sie stets Verträge mit einer Laufzeit von sechs Monaten erhielt mit einer Probezeit von sechs Monaten, das war, ja, legal, nur nicht gerade motivierend.

Dabei war selbst in den Augen der jungen Frau »auf den ersten Blick alles sehr schön«. Die Stimmung sei in den Open Spaces ziemlich locker gewesen und so weiter. Aber nach wenigen Tagen oder Wochen habe sie mit den Kollegen diskutiert und verstanden, dass die Bedingungen nicht so toll waren. »Die Leute machten viele unbezahlte Überstunden, waren sehr gestresst.« Sie hatten wohl fast alle zeitlich befristete Verträge und nicht einmal genug Geld, um sich eine eigene Wohnung zu leisten.

Bundeswehr kämpft um Startups

Ausgerechnet die Bundeswehr macht sich die Dummheit der Jugend zunutze. Klar, wenn es so einfach ist, Nachwuchs zu rekrutieren. Denn in einem richtig redaktionell aufgemachten Artikel, den kaum ein Leser von redaktionellen Inhalten unterscheiden könnte, schreibt die Armee in einer seriös anmutenden Headline, publiziert auf dem Portal *Gründerszene*: »Bundeswehr sucht innovative Startups.« Fairerweise muss man zugeben, dass über dem Artikel »Sponsored Post« steht und am Foto, ein Hubschrauber auf einem Marineschiff, ebenfalls.

»Die Bundeswehr ist auf digitalem Innovationskurs«, heißt es in dem Werbetext. Sie lade zwanzig Startups zum Pitch-Event auf der Kieler Woche ein und sei bereit für Kooperationen. Was ausgerechnet die Bundeswehr mit Startups zu tun hat, erklärt sie selbst so:

> *»Ganz klar, die Bundeswehr steht nicht unbedingt für lockere Strukturen oder flache Hierarchien, wie man es aus der Start-up-Szene gewohnt ist – eher assoziiert man mit ihr einen recht stren-*

gen Ton und traditionelle Herangehensweisen. Was viele aber vergessen, wenn sie an die Bundeswehr denken? Sie hat als größter Arbeitgeber Deutschlands, internationales Logistikunternehmen, IT-Dienstleister, Krankenhausbetreiber und Bildungsanbieter in Sachen Kooperation viel zu bieten. Und: Auch sie konzentriert sich zunehmend darauf, ein digitales Ökosystem zu etablieren – und zwar gemeinsam mit Start-ups.«

Kapiert? Wollen wir das mal für junge Menschen übersetzen: Bundeswehr ist nix Waffen, nix Schießen, nix Befehle und so, sie ist ein cooles Startup, einerseits eine Art Amazon, was quasi das deutsche Wort für Logistik ist, andererseits eine Art Microsoft, also IT-Dienstleister, hilft Kranken und bildet Menschen aus. So in etwa ist das.

Die Schnittstelle zwischen Startup-Szene und Bundeswehr ist der Cyber Innovation Hub, kurz CIH genannt. Das ist kein Gag, das ist eine Kampfansage. Denn die Bundeswehr hat Angst. Angst davor, dass sie den Anschluss an die immer schneller werdende Welt der Startups verliert. Schreibt sie, ohne natürlich das Wort »Angst« zu verwenden.

Ist es nicht genau diese German Angst, die sich nicht nur in der Bundeswehr widerspiegelt, sondern eben auch in all den anderen Unternehmen, die plötzlich voll auf Startup sind? Die ihre digitale Besoffenheit schwankend ausleben? »Auf Tuchfühlung mit der Startup-Szene«, heißt es bei der Bundeswehr. »Ebenso vielfältig wie die Wirkungsfelder der Bundeswehr können auch die Ideen der Startups ausfallen«, so die Armee weiter, und jetzt kommt der entscheidende Zusatz: »Hauptsache digital.«

Wenn also ein junger Mensch eine Idee hätte, die alle Menschen rund um den Globus in einen Friedenszustand versetzen würde, eine Kriegsgedankenvernichtungschemie oder eine Antiwaffenanwendungspille oder so, dann würde das die Bundeswehr nicht unterstützen, weil nicht digital? Obgleich ja ein Startup auch ein Startup sein kann, wenn es eine nichtdigitale Idee hat?

Was also sucht die Bundeswehr? Digitale Games of War? Cyberwaffen? Spionagesoftware?

Jedenfalls erhalten Unternehmen, deren Konzept überzeuge, kurzfristig 200 000 Euro, um ihre Technologie im Einsatz zu testen. Klingt also irgendwie nach Cyberspielzeug. Wir wussten es jedenfalls, die Bundeswehr ist ein cooler Arbeitgeber – wenn sie als Tarnnetz die Startup-Kultur überstülpt.

Achte Lüge:

Startups sind erfolgreicher, weil sie jungen Menschen mehr Spielraum geben

Grenzenloser Spielraum

Es ist faszinierend zu sehen, wie es Startups gelingt, gleich Sektierern jungen Menschen das Paradies auf Erden zu versprechen. Die Startup-Kultur ist nicht, wie sie auf den ersten Blick scheint, human, menschenfreundlich, friedlich, cool und frei, sondern sie ist eine der widerlichsten Formen des ausbeuterischen Kapitalismus. Doch vor allem junge Menschen sind wie verblendet, wenn sie sich auf ein Leben mit Startups einlassen.

Manchmal erinnert es tatsächlich an die Bhagwan-Bewegung aus den 1980er-Jahren, wenn junge Menschen vom Sinn und der Liebe träumen, wenn sie nicht den Menschenfänger sehen, sondern den Erlöser zu erkennen glauben, wenn sie das Gefühl haben, dem klassischen Wirtschaftsleben zu entfliehen, wenn sie ihre Werte aufgeben, um die Werte der anderen, der Investoren, anzuhäufen. Was für ein Guru-Hype.

Die Lockmittel sind recht primitiv und leicht durchschaubar, und dennoch funktionieren sie. Es beginnt bei dem Begriff des Startups. Start up! Wirkt wie ein Imperativ oder, gäbe es diese Form hierzulande, wie ein Subjonctif, ein Könnte. Verbunden mit einem Wunsch klingt es wie das Drücken der Restart-Taste für ein besseres Leben. Startup steht gefühlt für ein Los-geht's, einen Aufbruch, für Entdecker wie Kolumbus, für das Auswandern nach Amerika, für den Beginn in einer Garage, das alles in einer digitalen Welt, die aus Einsern und Nullen besteht und im Idealfall in

Berlin ist, auch wenn es seit 2018 in Nordrhein-Westfalen die meisten Startups gibt (19 Prozent). Oder, na gut, in Karlsruhe oder einem Vorort von Würzburg oder Paderborn. Hauptsache Startup.

So viele Garagen, wie Startups gegründet werden, scheint es nicht zu geben, also nisten sich Startups in Kellern, Dachböden oder ehemaligen Fabriknebenräumen ein. Gerade etablierte Unternehmen schenken Startups, die sie selbst gründen oder die sie gerade aufgekauft haben, Raum, den jede Gewerkschaft und jeder Betriebsrat als Arbeitsplatz abgelehnt hätte: weil es nach altem Öl riecht, weil das Licht nicht stimmt, weil Massentierhaltungen humaner aussehen als diese dicht gedrängten Schreibtische junger Menschen.

Mit einem kleinen Trick erzielen die geschäftstüchtigen Investoren allerdings gute Laune: Mache jeden noch so kleinen Raum zu einem Spielraum. Im wahrsten Sinne des Wortes. Und so braucht es gar keine Schreibtische oder sonstige Möbel. Viel spielerischer und cooler sind Obst- oder Weinkisten, die zu Pulten von Laptops hochgestapelt werden, oder Paletten, die als Sofa oder gemütliche Arbeitsecke genutzt werden – Startup-Atmosphäre eben. Schrottteile wie alte Autositze, ausrangierte Kinoutensilien oder ein antikes Stück Flugzeugflügel dienen als weitere Möbel. Auch antike Nähmaschinentische können als Schreibtisch herhalten, abgeschnittene Baumstümpfe als Hocker, Omasessel als Bürostuhl. Das ist so megacool, so anders, so verspielt und so kreativ, so, wie ich selbst bin oder sein will. Das denken jedenfalls alle.

Ein bisschen erinnert diese aleatorische Einrichtungskomposition an, wie es einst hieß, Abenteuerspielplätze. An jene Art von Spielstätten, in denen man sich selbst aus Holz und Schrott richtige Häuser bauen und einrichten kann. Das sind meist Maßnahmen von Städten, in denen Jugendliche aus sozialen Brennpunkten Abreagiermaterial in die Hand gedrückt bekommen.

Längst sind Palettenmöbel so bürgerlich geworden, dass sogar der Otto-Versand, der Baumarkt Obi oder die Supermarktkette Real Paletten als Möbel zum Verkauf anbieten und sogar die entsprechenden passenden Aufbauten für ein komfortables Bett oder eine Couch – weil es so cool ist. Paletten- und Schrottmöbel sind damit so etwas wie das Tattoo des Bürgertums. Wie Schrott und Paletten heute ein Abgrenzungsversuch gegenüber dem Establishment sind, erging es bereits dem Tattoo: Längst sind sie gelebtes Bekenntnis zum Spießertum. Denn nach wie vor gilt: Wenn alle anders sein wollen, sind alle wieder gleich. Und dass aus den Palettenmöbeln mit der nächsten Finanzierungsrunde schicke Bauhausmöbelerscheinungen in Form von Sesseln und Tischen aufkeimen, ist eh gesetzt.

Doch nicht nur unkonventionelles Mobiliar, sondern auch echte Spiele gehören in Startups. Wir wissen alle, dass hierbei die Römer Vorreiter waren, mit ihrer Brot-und-Spiele-Taktik. Umso überraschender, dass es funktioniert, obgleich es jeder weiß. Neben Brot in Form von kostenlosen Snackbars sind es Spiele, etwa Kicker, Tischtennisplatte oder Billardtisch, die in keinem Startup fehlen dürfen. Ebenso die Dartscheibe oder das Bürogolf-Set, gerne mit der Golf-Putting-Maschine, die Bälle wieder zurückschießt. Auf fünf Laptops kommt gefühlt eine Tischtennisplatte, auf einen kleinen Büroraum mit siebzig Angestellten je ein Flipper, der so viel Platz einnimmt wie acht Arbeitsplätze. Aber: It works!

Digital Naives

Der Spielraum für junge Menschen bezieht sich in Startups auch auf die Gestaltung von Inhalten. Gerade der unverbrauchte, unvoreingenommene Spirit junger Geister kann und soll frischen Schwung in neue Ideen bringen. Das ist die mit Sicherheit gute Seite. Eine Seite, die in altehrwürdigen Unternehmen viel zu selten genutzt wird, junge Menschen mit ihrer Sichtweise agieren zu lassen.

Allerdings kann das Ergebnis adoleszenter Denkweise in jeder Hinsicht überraschen. Nehmen wir als Beispiel die mit sogenannter künstlicher Intelligenz angefütterten Programme von Streamingdiensten wie Spotify oder Napster, die als Startup begonnen haben, allerdings schon vor über zehn Jahren. Ja, vielleicht ein doofer Vergleich, aber er sagt sehr viel über die Denkweise in Startups aus. Machen Sie den Test bei Ihrem Musik-Streamingdienst. Etwa bei Napster. Wer dort in der Suche »Beethoven« eingibt, erhält nicht dessen neun Sinfonien vorgeschlagen, sondern: »Klassik zum Kochen«. Wer »Mozart« sucht, stößt nicht auf eine seiner lieblichen Opern, sondern es wird vorgeschlagen: »Klassik zum Einschlafen«. Na, noch Fragen? Das ist das Ergebnis von programmierter künstlicher Intelligenz. Wie viel Spielraum wurde dabei von wem genutzt?

»Wir müssen uns auf die Digital Natives einstellen, deshalb brauchen wir möglichst viele Digital Natives im eigenen Unternehmen!«, so das weitverbreitete Postulat im deutschen Wirtschaftsunwesen. Ein Irrglaube, wie hier skizziert wird, nehmen wir als Beispiel einen der größten deutschen Verlage nördlich des Mains. Neben vielen Zeitschriften erscheint dort eine Art wöchentliches Nachrichtenmagazin für gewisse Fachinteressen, das vielleicht wichtigste Produkt dieses Verlags.

Jedenfalls dachte sich das Management dieses Verlags: Mensch, lass uns mal cool sein, den Spirit aus dem Silicon Valley mit dieser Startup-Mentalität aufgreifen. Und so geschah etwas Wunderbares: Junge Mitarbeiter, die sich besonders hip fühlten, sollten sich Gedanken machen, wie sie den Laden nach vorne bringen. So wurde eine Arbeitsgruppe gegründet – und diese Geschichte ist wahr. Nicht die intellektuellen, klugen jungen Menschen wurden in dieser Gruppe aufgenommen, sondern die, die sich besonders digital geben mit in die Hand eingewachsenen Smartphones.

Nach zwei Monaten präsentierten die Digital Natives: nichts. Nach drei Monaten präsentierten sie: immer noch nichts. Nach vier Monaten, fünf Monaten: gar nichts.

Nach sechs Monaten endlich präsentierten die »Young Talents«, wie sie sich selbst nannten, den alten Untalentierten, also dem Management, das, was sie ausgebrütet hatten: Man solle mehr miteinander reden, die Chefs sollten zweimal im Jahr kommunizieren, wie es um den Verlag stehe, man brauche ein Kreativzimmer, man solle mehr Homeoffice zulassen, später mit der Arbeit beginnen, früher heimgehen, mal gemeinsam eine Grillfete steigen lassen, einen Flipper ins Büro stellen, einen Kicker, Wettbewerbe machen. Ähm – und wo waren die neuen Geschäftsideen? Na, die würden von selbst entstehen, wenn man all die vielen Ideen dieser neuen Generation achte und mehr miteinander rede.

Die Aktion gipfelte in einer großen Sitzung mit der Redaktion. Einmal die Woche fand in jenem Verlag die sogenannte Blattkritik statt: Dabei wurde die aktuelle Ausgabe der Zeitschrift mit allen Redaktionsmitgliedern durchgegangen – mit einem Gast, der kein Blatt vor den Mund nehmen soll. Gast sollte diesmal ein »junges Talent« sein, ein hauseigenes Gewächs quasi. Die achtundzwanzigjährige Frau begann mit den Worten: »Ich bin ja ein Digital Native. Und dadurch habe ich sicher ein anderes Mediennutzungsverhalten als die anderen …«

Zunächst einmal: »Digital Native« – was für ein Widerspruch in sich. Der Begriff bedeutet, dass jemand mit digitalen Gegenständen, etwa mit dem Smartphone, aufgewachsen ist. Die These besagt, dass diese Generation entsprechend unkompliziert und unverkrampft mit Technik und Tools umgehen kann und für alles Digitale offen sei. Doch der Begriff »Digital Native« ist per se eine Täuschung, ein syllogistischer Fehlschluss, der von alten Sturköpfen erdacht wurde. Und der funktioniert folgendermaßen:

- Wahrheit 1: Alle Welt ist digital.
- Wahrheit 2: Alle Kinder sind auf der Welt.
- Trugschluss: Also sind alle Kinder digital.

Das bekannte Beispiel aus Rhetorikstudien geht so:

- Wahrheit 1: Alle Eltern lieben ihre Kinder.
- Wahrheit 2: Alle Kinder lieben Schokolade.
- Trugschluss: Also lieben alle Eltern Schokolade.

Kurz: Doofe Kids, die nichts lesen, gab es auch schon vor der Digitalisierung. Und wer nichts liest und sich für nichts interessiert, ist per se doofer, egal wie intelligent und egal wie alt die Person ist.

Zurück zur Blattkritik und zu unserer jungen, talentierten Digital Native, die ja ein anderes Mediennutzungsverhalten an den Tag legen will. Was sagte Frau Ichbindocheindigitalnative? »Also, weil ich keine Zeit für die Zeitschrift habe, lese ich sie eigentlich nie.« Wie bitte? Da sitzt eine Mitarbeiterin der verlagseigenen Marketingabteilung inmitten der Redaktion, um zu sagen, dass sie sich mit dem Produkt gar nicht beschäftigen würde? »Klar gucke ich ab und zu ins Online und schaue mir an, was ihr so schreibt. Aber auch das ist viel zu viel Text, das liest unsere Generation nicht …«

Aufgrund ihrer tiefen Erkenntnisse machte die junge Kollegin gleich einen konkreten Vorschlag: »Wieso kommt ihr jede Woche raus? Es wäre doch viel besser, eure Zeitschrift würde nur einmal im Jahr erscheinen. Als Jahrbuch. Dann hätte man eine viel größere Chance, dass man mal was liest …«

Nichts gegen die Umstellung einer Erscheinungsweise bei einer Zeitschrift, aus welchen Gründen auch immer. Aber welche Schlüsse ziehen wir aus dieser Sitzung? Dass Digital Natives kein Recht mehr auf Teilnahme an Sitzungen haben sollten? Natürlich nicht. Denn, wie gesagt, jener Verlag hatte ja nicht die fähigsten, erfahrensten Köpfe gebeten, sich Gedanken zu machen, sondern diejenigen, die von sich aus glaubten, die coolsten zu sein. Weil der Geschäftsführer cool sein wollte und, wie sich herausstellte, sich dabei nicht die klügsten Gedanken gemacht hatte.

Es ist aber in der alten Welt genauso wie in der neuen: Geschäftsführer umgeben sich lieber mit schwachen Menschen, und das sind nicht immer die klügsten. Eine der vielen cleveren jungen Frauen des Verlags hätte den Chef vielleicht bloßgestellt. Womöglich zu Recht.

Sucht ist sexy

Digital Natives sind, um ehrlich zu sein, bei Managern weniger wegen ihres Könnens beliebt, sondern wegen des Preises, den sie ihnen zahlen. Dabei ist ihnen der Preis, den die jungen Menschen dafür zu zahlen haben, egal. Denn oft genug geht es in der Start-up-Mentalität um nichts anderes als um Ausbeutung. Sorry, wenn sich das hier wiederholt.

Junge Menschen haben große Vorteile: Sie wissen sehr schnell, wo sie zu klicken haben, um etwas zu bewegen. Junge Menschen kennen die aktuellsten Apps und Tools und wissen sie sehr fix zu bedienen. Junge Enthusiasten glauben schnell an neue Geschäftsmodelle, wollen ernst genommen werden, brauchen ihre Freiheiten und opfern allzu gerne dafür Abende oder Wochenenden. Und selbst wenn am Ende alles scheitert: Dann muss eben auch das zelebriert werden.

Digital Natives sind vor allem immer und überall zu erreichen. Seit im Januar 2007 Apple-Chef Steve Jobs das erste Smartphone vorgestellt hat, funktioniert die digitale Hundeleine immer perfekter. Mitarbeiter sind 24/7 in Echtzeit erreichbar, über Tools wie Business-Whatsapp-Gruppen können sie jederzeit zu Ergebnissen genötigt werden, und über Werkzeuge wie Snapchat kann man sogar auf interaktiven Karten verfolgen, welcher Mitarbeiter gerade mit wem wo unterwegs ist. Es lebe die völlige Vernichtung der Privatsphäre! Natürlich ist es schick, als Chef zu sagen, heute gebe es keine Trennung mehr zwischen Job und Privatleben. Doch der Einzige, der davon profitiert, ist der Chef.

Hinzu kommt der digitale Suchtfaktor in der neuen Generation. In den USA sollen nach einer Studie des Pew Research Center rund ein Viertel aller 13 bis 17 Jahre alten Amerikaner fast pausenlos im Netz sein, von Internetsucht ist die Rede, schrieb die *Frankfurter Allgemeine Woche* in der Ausgabe 14/2018. 270 000 Jugendliche sind es in Deutschland laut Bundeszentrale für gesundheitliche Aufklärung. Die Folgen: Ängste, Depressionen, Änderungen der Persönlichkeitsstruktur.

»Dass die Produkte und Dienste aus dem Silicon Valley das Leben ihrer Nutzer nicht immer nur besser machen«, so die Wochenzeitschrift der *FAZ*, würden führende Köpfe der Branche zu bedenken geben, etwa Tim Cook als Apple-Chef-Nachfolger von Steve Jobs. »Ich bin keine Person, die sagt, dass wir Erfolg haben, wenn wir sie die ganze Zeit nutzen.« Maßhalten sei sein Rat, vor allem für die Millennials, die also nach 1984 geboren wurden, so das *FAZ*-Blatt.

Der Suchtfaktor, den Bits und Bytes auslösen, ist Basis jeglicher Ausbeutung, also geliebtes Kind jeglichen Managements. Unternehmen, vor allem Startups, nutzen diese Dopamin-Falle. Bekanntermaßen sorgen Alkohol oder Nikotin für eine vermehrte Ausschüttung jenes Glückshormons. Doch zu viel Bölkstoff macht süchtig – und bevor dadurch Negativeffekte entstehen, darf Dopamin nur in Maßen ausgeschüttet werden.

Menschen geht es um Lust und Befriedigung – nicht nur beim Sex, sondern auch beim Essen und bei Glücksspielen. Es geht um die Aktivierung des Belohnungssystems. Jedes »Gefällt mir« als Reaktion von Bekannten auf einen Post hin ist Belohnung und damit Befriedigung – bloß nicht auf Dauer. Aus dem Wunsch, viele Belohnungen erleben zu wollen, entstehen Drang, Sucht, Stress, Abhängigkeit und damit Unzufriedenheit.

Für die meist jungen, billigen, willigen Arbeitskräfte von unterbezahlten Startup-Bereichen etablierter Unternehmen bedeutet das, dass sie gleich Hühnern in Legebatterien überreizt werden, dass ihre Eier gar nicht erst befruchtet werden, obgleich es den Anschein erweckt. So wird viel junges Berufsvolk deprimiert, ausgebeutet, verbrannt.

Viele Ideen von Startups wiederum zielen ja genau auf den Suchtfaktor. Tools von Facebook, Whatsapp, Snapchat oder Instagram jagen genau nach diesen Belohnungswünschen. Gefällt mir ganz und gar nicht. Sean Parker, Gründungspräsident von

Facebook, hat es sogar in der Öffentlichkeit zugegeben: Gezielt hätten die sozialen Netzwerke Schwächen der menschlichen Psyche ausgenutzt, um Abhängigkeiten zu schaffen. Und, so die *Frankfurter Allgemeine Woche* weiter: Justin Rosenstein, ein Veteran von Facebook und Google, verglich Internetdienste wie Snapchat gar mit Heroin. Am Ende geht es um Manipulation. Es geht darum, Menschen zu Marionetten zu machen.

Eine Mentalität, von der Startups träumen, wenn sie neue Geschäftsmodelle wagen wollen. Denn sie wollen ja so erfolgreich werden wie Facebook oder Google. Dann haben die meist jungen Gründer vor Augen, wie ihnen nach wenigen Monaten Milliarden von Euro angeboten werden. So wie 2013 Snapchat-Mitgründer Evan Spiegel 3 Milliarden Dollar abgelehnt hatte, um bis 2017 anscheinend mehrere Übernahmeangebote, die bis zu 30 Milliarden Dollar gegangen sein sollen, abzulehnen.

Millionen von Menschen sollen am Haken der eigenen Technik hängen, wünschen sich Startups mit ihren virtuellen Gedanken. Und das ist das, was sich Unternehmer wünschen, wenn sie seit Jahrzehnten oder gar Jahrhunderten Schrauben, Wurst oder Sportklamotten hergestellt haben? Snapchat zeigt die Startup-Denkweise jedenfalls sehr deutlich, diese Drogendealer-Einstellung in Sachen Abhängigkeit, diese gesetzeskritische Transparenz der Nutzer, wo Nacktfotos nicht nach Sekunden automatisch gelöscht werden, sondern in Servern als Missbrauchspotenzial schlummern, diese Leck-mich-Einstellung gegenüber Investoren. 30 Milliarden Dollar? Wie läppisch.

Nach dem Börsengang von Snapchat lag der Peak 2017 übrigens bei einem Wert von 41 Milliarden US-Dollar, bis sich die Zahlen verdrehten auf 14 Milliarden. Anschließend verdrehten sich wohl die Augen der Startup-Jünger.

Wahre Trendscouts

Vor jungen Menschen liegt definitiv mehr Zukunft als vor älteren Generationen. Und weil es noch nie eine Generation gab, die das, was ihre Eltern gemacht hat, gut fand, also jede Generation naturbedingt den eternellen Drang verspürt, eigene Spuren zu hinterlassen, kann das gerade von Startups mit ihren vielen jungen Mitarbeitern genutzt werden – auch für klassische Unternehmen. Denn der Blick in die Zukunft ist all den Herstellern von Markenartikeln ein Vermögen wert. Das lockt natürlich unterschiedlichste Trendscouts an wie das Licht die Motten.

Chefetagen und Marketingabteilungen lassen sich Wertewelten von Zielgruppensphären einfallen, Universen und Galaxien gesellschaftlicher Visionen. Auffällig ist, dass hierbei meistens sehr viel Vokabular aus Science-Fiction-Filmen verwendet wird, *Star-Trek*-Marketing. Das Herz der Zukunft schlägt im Silicon Valley, so der Glaube der Neuzeit. Es ist das Zentrum der Sternengeburten, der Beginn allen Seins.

Klar, dass von dort alle Trends ausgehen. Das unsoziale Miteinander etwa, Social Media genannt, wurde hier geboren, im digitalen Bethlehem. Doch es sind nicht nur die großen Wellen, die von hier aus in die Welt geflutet werden, wie Facebook, Snapchat, HP oder Apple, sondern auch die kleinen Erscheinungen, Modetrends, Verrücktheiten, die sich rund um den Globus verbreiten sollen. In Startups steckt oft genug jede Menge Energie. Die kann zukunftsweisend sein, Trends setzen, bis hin zur Disruption.

Google etwa hat sich dafür bekanntermaßen ein Tool namens Trends einfallen lassen, um anhand der vielen Suchanfragen frühzeitig herauszukriegen, was die Menschheit interessiert. Wie wir alle wissen, ist die Antwort auf alle Fragen dieser Welt am Ende die 42. So hat es Adam Douglas in *Per Anhalter durch die Galaxis* gründlichst recherchiert. Google ist da anderer Meinung. Deshalb bietet das Unternehmen seine Trends an. Nach Ländern lässt sich hier suchen, wo welches Suchverhalten – oder eher welches Suchtverhalten – an den Tag gelegt wird. Welche Fragen wo gestellt werden, und vor allem, wo was überhaupt nicht interessiert.

Viele Unternehmen, die sich mit jungen Menschen beschäftigen, die sie als Zielgruppen bezeichnen oder irgendwelchen Personas zuordnen, verfolgen diese Trends, die Google ausspuckt, mit großem Interesse. In einer der größten Werbeagenturen Deutschlands zum Beispiel werden diese Google-Trends in Echtzeit auf Bildschirmen dargestellt, in Wortwolken.

Echtzeit? Wortwolken? Hilfe, ich bin infiziert.

Echtzeit, so viel Zeit muss sein, ist das blödeste Wort, das die digitale Herde je ausgekotzt hat. Was soll denn bitte schön Echtzeit sein? Echte Zeit? Was soll denn unechte Zeit sein? Leben wir in Echtzeit und denken in Unechtzeit? So denkt digital, in Echtzeit eben.

Kleiner Exkurs: Es war einmal ein Startup, das hatte die Idee, die Sprachnachrichten, die man auf Whatsapp verschicken kann, so zu beschleunigen, dass man in Echtzeit kommunizieren kann. Irgendjemand muss dem Startup erzählt haben, dass es diese Erfindung schon gibt. Sie heißt: Telefon.

Echtzeit in Wortwolken. Das ist freilich eine Steigerung des echten Zeitverlusts. Wortwolken, die in diesem Fall Suchbegriffe – nach ihrer nachgefragten Anzahl – größer oder kleiner darstellt, um schnell zu visualisieren, was Trendbegriffe sind. Wobei nicht alles Trend ist, was gesucht wird. Ist eine rassistische Partei ein Trend, wenn sie im Netz häufig gesucht wird? Mitnichten! Aber die Interpretation dieser Trends kann unterhaltend sein.

Einmal haben, auch diese Geschichte ist wahr, zwei digital native Trendscouts in einer Marketingabteilung eines Unternehmens über ihre Erkenntnisse berichtet. Es war diese Phase, als alles Einhorn war. Kaum wurde der Begriff »Einhorn« zum Trend erklärt, weil er so oft gesucht worden war, stellten sich zig Unternehmen auf diese Einhörner ein. Es gab Bettwäsche mit Einhorn, Unterhose, Mäppchen und sogar Einhorn-Schokolade und Chips.

Als das Klopapier mit Einhörnern bedruckt wurde, ebbte der Trend ab. Zu genau diesem Zeitpunkt waren die beiden Trendmenschen in dieser Firma, um ihre Trendforschungen vorzustellen. Ihre Erkenntnis: Der Trend mit den Einhörnern gehe zu Ende, der neue Trend seien Flamingos.

Wie waren sie darauf gekommen? Ganz einfach: Lege man die Trends von Google zugrunde, sehe man, dass Einhörner ihre beste Zeit hinter sich hätten. Die Suchanfragen nach Einhörnern würden weniger, dafür wachse die Zahl der Anfragen nach Flamingos stark. Damit hatten die beiden Trendscouts richtiggelegen. Nur im deutschsprachigen Raum, stellten sie fest, seien Einhörner noch stark, viel stärker als Flamingos. Die Deutschen, das wissen wir ja, hinken den Entwicklungen immer hinterher.

Zwischenfrage: »Haben Sie berücksichtigt, dass Einhörner in anderen Ländern anders heißen, etwa Unicorn oder so? Und dass Flamingos in fast jeder Sprache Flamingo heißen?« Nun konnte man Schweißausbrüche sehen, in Echtzeit, denn das hatten die beiden Trendmenschen nicht im Blick gehabt. Wobei auch hier alles täuscht, wie so oft bei den Erkenntnissen, die ihre Wurzeln im Silicon Valley haben: Die fünf häufigsten Anfragen, weltweit, zum Thema Flamingo, bezogen sich allein auf das Flamingo Hotel in Las Vegas.

Was aber bringen uns diese vorgegaukelten Trends? Wieso sollen das Trends sein, nur weil diese Begriffe in Suchanfragen häufig vorkommen? Wird hellgrün zum Trend, weil es in Abfragen oft vorkommt? Natürlich nicht, weiß Google, weiß das Silicon Valley. Dazu werden ja Fotos eruiert, deren Farben wiederum für die Trends verantwortlich sind. Farbwelten werden programmatisch zusammengestellt und gefiltert. Alles läuft automatisiert, vollautomatisch. Don't think about nothing, change the world!

Ach ja, die beiden Mitarbeiter wechselten kurz nach ihrer Flamingo-Challenge den Arbeitgeber. Sie gingen zu einem Startup.

Neunte Lüge:

Startups interessieren alle

Politik im Neuland

Das Startup-Fieber hat alle Welt erfasst. Jeder spricht darüber, es scheint kaum ein anderes Thema mehr zu geben. So sehen es Investoren und Gründer gleichermaßen. Doch haben wir es hierbei mit dem psychologischen Phänomen der selektiven Wahrnehmung zu tun. Wenn ich mich für Fußball interessiere, alle Informationen darüber lese, entsteht freilich der Eindruck, alle würden sich für Fußball interessieren. Und genau so ist es bei Startups.

Bekanntermaßen sucht der Mensch stets nach Mustern. Diese Hirnvorlagen sorgen für Vertrauen, Heimatgefühle, Vereinfachung und Entspannung. Muster helfen bei der Partnerwahl, bei der Entscheidung beim Klamottenkauf – Muster helfen eigentlich in allen Lebenslagen. Das Gehirn versucht so, neue Informationen in das vorhandene Wissen einzuordnen.

Ähnlich die Wahrnehmung der Startup-Szene. Das Jetzt und das Morgen scheinen aus Startups zu bestehen. Alles ist Startup – und alles, was nicht Startup ist, muss Startup werden. Nein, die Wirklichkeit sieht anders aus. Klar braucht jedes Unternehmen kontinuierlich Innovationen. Aber das geht auch ohne Startup-Kult.

Wer interessiert sich eigentlich für Startups – außer Investoren? Die Politik? Das wirkt auf den ersten Blick nicht so. Jährlich erfasst der *Startup Monitor,* wie gut Politiker die Belange von Startups verstehen. In den vergangenen Jahren hat sich das Zeugnis, das Gründer den Politikern ausstellten, geähnelt: Bestenfalls gab es ein »ausreichend«, fast jeder Zweite hält das Verständnis gar für »mangelhaft« oder »ungenügend«, wie die *Zeit* unter dem Stichwort »Stimmung top, Politik Flop« schrieb. Immerhin tausend Startup-Unternehmen wurden von der Lobbyorganisation Bundesverband Deutsche Startups gemeinsam mit der Hochschule für Wirtschaft und Recht, Berlin, befragt.

Auch der Digitalverband Bitkom ließ das Miteinander zwischen Startups und Politik überprüfen. Demnach werde die Startup-Branche seit Jahren hofiert, doch jetzt setze Ernüchterung ein, dass es die Politik nicht wirklich ernst meine mit der »Startup Nation Deutschland«, so die Studie, die am 23. Mai 2018 publiziert wurde. Der Politik fehle das Verständnis für die Probleme von Startups. »Entsprechend fordern drei Viertel (74 Prozent): Politik sollte Startups möglichst große Freiräume ermöglichen und sich ansonsten raushalten.«

Immer wieder tauchen politische Phänomene auf, die sich mit der Startup-Szene auseinandersetzen wollen. Etwa die Piratenpartei, die sich an »alle Macher, Kreativen und Neudenker« richtet: »Startups, Forscher, Künstler, Wissenschaftler [...]. Zudem helfen wir jedem Bürger, den Wandel einfacher und besser zu meistern, um die Vorteile der Digitalisierung schneller zu erleben und zu genießen.« Das Konzept scheint nicht so aufgegangen zu sein, denn binnen kürzester Zeit war die Partei weitgehend vergessen.

Auch die Grünen kommunizierten unmittelbar vor der Bundestagswahl 2017, wie *Gründerszene* schrieb: »Wir wollen innovative, junge Unternehmen direkt stärken, auch wenn sie noch keine Gewinne erzielen. Darum schlagen wir vor, dass kleine und mittelständische Unternehmen bis zu 15 Prozent ihrer Forschungs- und Entwicklungskosten von ihrer Steuerschuld abziehen können.«

Die SPD will die Zahl der Laptop-Klassen erhöhen und forderte im Juni 2016: »Deutschland braucht mehr Startups.« Um dieser Aussage mehr Gewicht zu geben, organisierte die Partei eine Diskussion mit Investoren und Startups – inklusive einer Liveschaltung ins Silicon Valley. »Am Ende des Dialogs sollen die Stellungnahmen und Expertisen in ein Maßnahmenkonzept für eine bessere Startup-Politik einfließen«, kommunizierte die Partei. Warme Worte, aber mehr ist das auch nicht.

Auf den Koalitionsvertrag zwischen CDU, CSU und SPD ging Florian Nöll als Vorsitzender des Startup-Verbands Anfang 2018 ein: »Wir haben vor den Koalitionsverhandlungen mit einer zehn Punkte umfassenden Checkliste noch einmal auf die wichtigsten Forderungen an die Politik aufmerksam gemacht. Alle zehn Forderungen finden sich nun im Koalitionsvertrag wieder. Insbesondere die Finanzierungsrahmenbedingungen von Startups sollen verbessert werden. So soll ein ›großer nationaler Digitalfonds‹, der sich aus den ›Einlagen institutioneller Anleger‹ speist, eingerichtet werden. Dieser Digitalfonds wird es Versicherungen und Pensionsfonds ermöglichen, in Wagniskapital-Fonds und damit in die dynamische deutsche Start-up-Wirtschaft zu investieren.«

Das wirkt alles zusammen fast so, als käme man an dem Thema Startup nicht vorbei. Wieso hinkt dann ausgerechnet die Wirtschaftsmacht Deutschland schon bei einem grundlegenden Thema wie dem Breitbandausbau im internationalen Vergleich so hinterher?

Wie würde eine Wahl ausgehen, gingen nur Startup-Gründer zur Urne? Eine Erhebung des *Startup-Monitors*, die im Oktober 2018 publiziert wurde, zeigt: Die FDP hätte 37,6 Prozent erhalten, die Grünen 22,4 Prozent, die Große Koalition mit CDU/CSU und SPD hätte es insgesamt nur auf 26,3 Prozent gebracht. Die CDU/CSU allein käme nur noch auf 17,8 Prozent, die SPD auf 8,4 Prozent. Während die Linke mit 5,9 Prozent noch in den Bundestag gewählt würde, sind die Piraten, die sich einst so stark für die Digitalisierung gemacht hatten, mit 1,1 Prozent abgeschlagen. Auch die AfD findet sich mit 2 Prozent am unteren Ende.

Wie stark sich die Politik für Startups interessiert? Wie stark sie sich für Startups einsetzt und ihre Bedürfnisse versteht? 0,6 Prozent der Startup-Gründer antworten hierauf »sehr gut«.

In der Hölle der Löwen

Einst war es der Tellerwäscher, auf den sich die Medien gestürzt haben. Allerdings nur, sofern er es geschafft hat, Millionär zu werden. Heute suchen und lieben Medien Erfolgsstorys von jungen Menschen, die Milliardär geworden sind. Und so wird jede Zuckerberg-Story zur Blaupause, jede Evan-Spiegel-Geschichte zur Titelstory: »Trotz 638 Millionen Dollar Jahresgehalt: Snapchat-Gründer ›nur‹ Zweiter im Kohle-Ranking«, schrieb etwa die *Bild* am 23. Februar 2018. Besonders spannend sind die Storys, wenn die jungen Gründer Angebote in Millionen- oder gar Milliardenhöhe ablehnen, wenn sie mit irgendwelchen Topmodels oder Stars liiert sind und das Luxusleben wie in einem Hollywood-Film führen, trotz des Arbeitsplatzes in einer Garage.

So gesehen, ja, interessieren sich Medien für Startups. Doch neben dem Erfolg ist es die Häme, die Medien gerne zur Headline erklären. Wenn es ein – inzwischen bekanntes – Startup einmal nicht geschafft hat. Wimdu zum Beispiel, der Airbnb-Klon, der Ende 2018 das Aus bekanntgab und 90 Millionen US-Dollar von den Investoren verbrannt haben soll. Medien zeigen in Jahresrückblicken: »Diese Start-ups scheiterten.« Und sie ergötzen sich dabei an den Millionenverlusten. So entstehen Schlagzeilen wie: »Die teuersten Startup-Pleiten: Diese 72 Unternehmen hatten keinen Erfolg«, so auf *unternehmer.de* vom 1. März 2014.

Dass ein Thema gesellschaftliche Relevanz hat, erkennt man spätestens daran, dass plötzlich entsprechende Fernsehsendungen entstehen. Startups, das hat was von Ideen, die entdeckt werden, von dem Unternehmertum, von dem jeder gerne träumt.

Denn wer hatte nicht schon mal beim zweiten Bier an der Strandbar die Idee seines Lebens: etwa Socken, die sich in der Waschmaschine nicht verlieren, oder eine App, mit der der eigene Tagesablauf automatisiert angezeigt wird, oder eben ein aufschiebbarer Knopf?

Zum Thema Existenzgründungen oder Startups gibt es im Fernsehen inzwischen etliche Shows. Und die Sender kämpfen um Reichweite, bekriegen sich gegenseitig. Wie bei Startups selbst ist die Floprate der Startup-Shows ebenfalls recht groß. Was ein Indiz dafür sein könnte, dass sich gar nicht so viele Menschen für das Thema Startups interessieren. Dennoch bringen die Sendeanstalten kontinuierlich neue Formate auf den Markt. Das liegt nicht nur an dem Potenzial, junge solvente Zielgruppen für Werbekunden zu erreichen, sondern auch an völlig neuen Geschäftsmodellen der Sender.

Die Idee dahinter heißt »Media for Equity«. Dabei beteiligen sich Medienunternehmen an Startups oder anderen jungen Unternehmen und bezahlen diese Beteiligung nicht mit Geld, sondern mit Medialeistung, also Werbezeiten, Außenwerbeflächen oder Anzeigen. Die beiden größten Förderer dieses Geschäftsmodells in Deutschland sind die Sendegruppe ProSiebenSat.1, die dafür die Tochter SevenVentures gegründet hat, und der Außenwerbegigant Ströer. Eines der bekanntesten Beispiele ist der Deal zwischen Zalando und der ProSiebenSat.1-Gruppe: Seit dem Jahr 2009 erhielt Zalando Werbezeiten auf ProSieben, Sat.1 und Kabel eins, während die Senderfamilie an den Umsätzen des Online-Händlers beteiligt wurde. Bis Ende 2014 zählte der Fernsehriese aus Unterföhring laut *FAZ* vom 24. November 2014 rund sechzig Partnerschaften, die in der Regel auf drei Jahre angelegt seien.

Doch nicht jedes Startup-Fernsehformat arbeitet mit diesem Geschäftsmodell. Startup-Shows sollen dazu dienen, das Fernsehpublikum zu verjüngen, denn bei den meisten Sendern altert die Zuschauerschaft dramatisch. Junge Menschen streamen eher, als sich jeden Sonntag um Punkt 20.15 Uhr einen *Tatort* anzutun. Wie viele Sendungen es zum Thema Startups gibt, mag man kaum glauben. Hier eine unvollständige Übersicht, die einen schnellen Einblick geben soll:

- ↑ **Die Höhle der Löwen** startete im Jahr 2014 auf Vox als eines der ersten Formate und gilt mit ordentlichen Quoten als sehr erfolgreich. Der Marktanteil liegt in der werberelevanten Zielgruppe zuweilen bei 20 Prozent mit bis zu rund zwei Millionen Zuschauern. Insgesamt schauen *DHDL*, wie es genannt wird, oft mehr als drei Millionen Menschen jedes Alters an. Laut *Gründerszene* wurde in der vierten Staffel im Jahr 2017 in vierzig Startups investiert, mehr als je zuvor. Demnach sollen über 8 Millionen Euro an Geldern geflossen sein, doch, so *Gründerszene*, nicht jeder Deal kam in die Gänge: Bei jedem der Löwen sollen mehrere Deals geplatzt sein – ein Viertel der Investments sollen im Nachhinein nicht zustande gekommen sein.
- ↑ **2 Minuten, 2 Millionen** auf dem österreichischen Privatkanal Puls 4, eine Tochter der ProSiebenSat.1 Media, läuft seit 2013 und damit im Jahr 2018 schon in der sechsten Staffel. Auch hier geht es um das Thema Startups und Firmengründung. Die Startup-Casting-Show ist angelehnt an Formate wie *DSDS* oder *The Voice*, nur dass es nicht um Musik, sondern um Firmenideen geht. Allerdings werden vor allem fernsehtaugliche Ideen präsentiert, etwa ein Anti-Hangover-Drink, eine Schweinegewichtsermittlungsapp, Möbel aus Karton oder ein Rasierklingen-Lieferservice. Zwei Minuten lang können sich Startups präsentieren, dann entscheidet eine Jury über Investitionen – bis zu 2 Millionen Euro werden verteilt. In Österreich funktioniert die Sendung gut, der Marktanteil liegt oft bei 10 Prozent, das sind

fast 200 000 Zuschauer. Damit ist es zeitweise die meistgesehene Show unter Österreichs Privatsendern.

↑ Kampf der Start-ups entwickelte das ZDF Ende 2014 als Pilotsendung und 2015 für drei Teile. Der Mainzer Sender kommunizierte, dass es in dem Format keine Deals fürs Fernsehen geben werde. Vielmehr gehe es darum, »welche Strategien zum Erfolg führen und wie schwierig es ist, Investoren das Geld aus der Tasche zu ziehen«. In der Sendung mussten dreißig Startups gegeneinander antreten, um Investoren von ihren Ideen zu überzeugen. Die beiden besten Konzepte bekamen ein Business-Coaching und die Chance auf ein Investment.

↑ Restaurant Startup – Gutes Essen zahlt sich aus auf Kabel eins, 2015 gestartet, inzwischen abgesetzt, eine »Gastro-Gründer-Show« aus den USA, hatte die Idee, Startkapital für Restaurantgründer zur Verfügung zu stellen. In der Jury saßen unter anderen Carsten Gerlach als Chef von Joey's Pizza und Torsten Petersen als Geschäftsführer von Enchilada Franchise. Sie beurteilten Restaurant-Konzepte in sieben Themenwochen wie Burger oder Asia-Food. In jeder Sendung stellten Startup-Teams ihre innovativen Restaurantideen vor. Binnen 48 Stunden konnten die beiden besten Teams je ein Popup-Restaurant eröffnen – in einem leer stehenden Restaurant in Berlin.

↑ Vom Spinner zum Gewinner war auch so ein Versuch auf Kabel eins ab Januar 2016. Mit Themen wie »Mit Baumsperma zum Millionär?«, »Sie wollen mit Kondomen Gutes tun«, »Ein Tragegriff für schmerzfreies Shoppen« sah sich die Sendung als Dokusoap, die Existenzgründer auf dem »oft beschwerlichen Weg zur eigenen Firma« begleitete. Die Macher waren auf ausgefallene Ideen aus, etwa Hanfpflanzen im Tee oder flexible

Brandschutzmatten. Nach vier Folgen war Schluss mit einem Marktanteil von rund 1,7 bis 2 Prozent und 530 000 bis 660 000 Zuschauern.

↑ **Auf die Plätze! Fertig! Weg!** war ein weiterer Anlauf von Kabel eins im Jahr 2016. Die Idee der Show war, dort zu arbeiten, wo andere Urlaub machen, also etwa eine Musicalschule auf Mallorca einzurichten oder einen Autohandel mit Oldtimern in Los Angeles zu betreiben. Drei Kandidaten traten in jeder Folge gegeneinander an, 25 000 Euro Startkapital winkten jeweils. In der Jury saßen Sternekoch Johann Lafer und Amorelie-Gründerin Lea-Sophie Cramer. Vier Folgen, und Ende. Der Marktanteil dümpelte bei 1,4 bis 1,9 Prozent, das waren etwa 350 000 Zuschauer.

↑ **Das Ding des Jahres** startete auf ProSieben 2018, eine Erfindung von Stefan Raab. In der Sendung müssen acht Gründer in vier Zweier-Duellen gegeneinander antreten. Der potenzielle Lohn: Werbewert in Höhe von 2,5 Millionen Euro. Klingt viel, aber die ProSieben-Sat.1-Gruppe hat ja Erfahrungen mit Werbebudgets und Startups. Denn auch hier ist es ein Werbedeal in Form von Media for Equity. Bei dieser Sendung sollen die Zuschauer am Ende entscheiden, was das »Ding des Jahres« wird. In der Jury sind Topmodel Lena Gercke, Spaßmacher Joko Winterscheidt und Rewe-Einkaufschef Hans-Jürgen Moog. Anfangs gelang der Show eine Reichweite von über 10 Prozent Marktanteil bei rund 1,3 Millionen Zuschauern. Laut ProSieben-Sprecher sei die erste Staffel gut gelaufen, viele der Erfinder kämen bei den Bestellungen kaum mehr hinterher. Eine Fortsetzung für 2019 ist geplant.

↑ **Start up! Wer wird Deutschlands bester Gründer?**, unter dem Arbeitstitel *Das ist deine Chance* 2017 in die Wege geleitet, legte als wöchentliche Sendung auf Sat.1 ebenfalls im Jahr 2018 los. Investor Carsten Maschmeyer begutachtete jede Woche die Fortschritte und investierte nur in das Startup, das am Ende gewinnt – Invest gegen Anteile. Bewerben konnte sich jeder mit einer Idee, kein Startkapital war notwendig, kein Businessplan, nichts. Vierzehn Gründer kämpften in acht Folgen um eine Million Euro. Während der Sendung wurden der Businessplan erstellt, Logo und Firmenname gefunden und sogar ein Prototyp des Produkts entwickelt. Die Sendung galt als Kopie von Donald Trumps *The Apprentice*. Allerdings floppte die Show in Deutschland: Der Marktanteil sank nach wenigen Folgen im Gesamtmarkt auf 1,9 Prozent, also auf 570 000 beziehungsweise 280 000 Zuschauer. Die letzten drei Folgen wurden deshalb nicht mehr im Fernsehen ausgestrahlt, nur noch im Internet. Carsten Maschmeyer twitterte nach dem rabiaten Ende der Sendung am 12. April 2018: »Alle, auch ich, haben sich mehr erhofft. So ist Gründen: Glaube ans Produkt, gib alles, um es stark umzusetzen, sodass es vor allem für jüngere gründeraffine Menschen relevant ist. Jetzt ist #StartupSat1 da, wo Gründungsinteressierte gucken: online!«

Darüber hinaus wagten sich auch regionale Formate zum Thema Startup aufs TV-Parkett, etwa *Made in Berlin* vom Rundfunk Berlin-Brandenburg, seit 2014 werden je 30-Minuten-Folge drei Startups vorgestellt. Oder *startup bavaria*, das der Bayerische Rundfunk 2015 ausprobiert hatte.

Dies ist nur eine Auswahl an Sendungen, die sich im Fernsehen mit dem Thema Startup in irgendeiner Form auseinandersetzen. Einige dieser Ideen kommen aus den USA, wo sie in der Regel besser funktionieren als hierzulande. Das könnte an der Mentalität der Amerikaner liegen, die sich am Erfolg anderer erfreuen können, während in Deutschland ein junger Gründer, der zu schnellem Geld kommt, eher Neid auslöst.

Neben den vielen Fernsehshows sind unzählige Blogs, Online-Magazine und sogar gedruckte Zeitschriften rund um das Thema entstanden, darunter *Basic thinking*, ein Online-Magazin über Technikthemen aus der Gründerszene, *Berlin Valley*, das 2014 in Berlin gegründet wurde und online wie offline Gründer vorstellt, Investoren, Ideen, Recruiting, Strategien. *Junge Gründer* berichtet online über die Szene ebenso wie *Bootstrapping.me*, am Rande auch das Magazin *Business Punk*, das zweitgrößte Onlinemagazin für Startups und Gründertum *Deutsche Startups* oder auch, speziell für Frauen, *Fempreneur.de* sowie *FrauChefin.de*.

Aus den Teams von *Capital* und *Business Punk* wurde 2018 ein Magazin zur Fernsehshow *Die Höhle der Löwen* entwickelt. Die Zeitschrift erzählt Geschichten hinter den Gründern, gibt Einblicke in die Sendung, berichtet von Erfolgsstorys aus vergangenen Investments, porträtiert Gründer und auch die Juroren. Die Startauflage zum September 2018 lag bei 250 000 Exemplaren.

Sechs Mal im Jahr erscheint seit 2016 das gedruckte Magazin *Startup Valley* aus Neulingen, der Gegend um Pforzheim und Karlsruhe, mit bis zu 20 000 produzierten Heften. Erwähnt werden sollten noch *t3n*, ebenfalls gedruckt, das eher Technik thematisiert, sowie *Lead*, das Gründergeist und Lifestyle an den Kiosk bringt. Durch die Brille der Werbefinanzierung betrachtet *Werben & Verkaufen* mit dem Portal *wuv.de* das Thema Startup in regelmäßigen Abständen.

Mit der Finanzierung von Existenzgründern beschäftigen sich etwa *foerderland* oder auch *Für-Gründer.de*. Eines der bekanntesten Portale ist *Gründerszene*, einst begonnen als Blog von Lukasz Gadowski, gilt inzwischen als führendes Online-Magazin für Startups und die Digitalwirtschaft. Ähnlich *TechCrunch*, das über die amerikanische Tech- und Startup-Szene schreibt.

Zudem gibt es unzählige regionale Online-Magazine oder auch Gedrucktes. *Hamburg Startups* von Sanja Stankovic und Sina

Gritzuhn hat das Ziel, Hamburg als Gründerstadt sichtbarer zu machen, *Rhein-Main Startups* berichtet über die lokale Gründerszene ebenso wie *Startup Stuttgart*. Die Liste ließe sich, so scheint es, unendlich fortsetzen. Wahrscheinlich gibt es mehr Startup-Portale als Startups.

Sieht man von *Die Höhle der Löwen* ab, dümpeln fast alle Formate – ob Fernsehen, Print oder Online, auf relativ niedrigem Niveau herum. »Das interessiert alle«, diese Aussage scheint schlicht nicht zuzutreffen. Deshalb eine schöne Idee zum Schluss: das Portal *keinStartup.de*, das sich Solopreneuren und Freelancern widmet. »Auch Einzelkämpfer brauchen eine Community«, so das Motto.

Wer schreibt, der bleibt

Als der Investor und mehrfache Startup-Gründer Frank Thelen, der auch Mitglied in der Jury der Fernsehshow *Die Höhle der Löwen* ist, ein Buch schreiben wollte, tingelte er von Verlag zu Verlag. Doch die großen Buchverlage tickten alle ziemlich gleich: Sie wollten von Thelen so was haben wie: »Die Top Ten Gründer-Tipps« oder »Wie werde ich Millionär«. Thelen erzählte meinem Kollegen Rolf Schröter und mir in einem Interview, das im Oktober 2018 in *Werben & Verkaufen* erschien, dass er aber ein Buch über sich schreiben wollte, eine Autobiografie – und über einige Fachbegriffe der Startup-Szene aufklären. Eine merkwürdige Mischung. Und weil er das tun wollte, was er selbst wollte, suchte er sich einen kleinen, engagierten Buchverlag, Murmann in Hamburg – wo *Start-up-DNA. Hinfallen, aufstehen, die Welt verändern* schließlich erschien und es sogar in die Bestsellerliste schaffte. Thelens Buch fehlte 2018 in keiner Liste, von denen es endlose zu geben scheint, etwa »Bücher für Gründer: Diese Auswahl solltest du 2018 lesen« oder »5 brandneue Bücher, die jeder Gründer lesen sollte«.

Bücher, die ein erfolgreiches Leben verheißen, gab es schon immer. Doch seit das Wort »Startup« in den Sprachgebrauch eingezogen ist, überschlagen sich die Titel, die großen Reichtum mit einer kleinen Idee versprechen. Hier eine kleine Auswahl aktueller Bestseller zum Thema Startup:

- ↑ Das 4-Stunden-Startup. Wie Sie Ihre Träume verwirklichen, ohne zu kündigen von Felix Plötz. Das Spannende an diesem Buch ist, dass es Menschen anspricht, die nach Feierabend ihr Startup quasi nebenher gründen wollen. Ohne Büro oder Venture-Capital, sondern mit Mut, Neugier, Leidenschaft, so Plötz.
- ↑ Das Feierabend-Startup von Erik Renk geht in die gleiche Richtung, wagt aber, die risikolose Gründung neben dem Job zu versprechen – was ein Risiko ist.
- ↑ Mission: Startup von Christoph Warmer und Sören Weber. Gründer erzählen hier von ihren Erfahrungen, auch von den Rückschlägen. Sehr nah an der Realität.
- ↑ Start up – jetzt! Endlich loslegen und es richtig machen von Thorsten Reiter. Mutige Schriften und – im wahrsten Sinne des Wortes – schräges Layout. Inhaltlich geht es schlicht um Unternehmertum.
- ↑ Machen! Das Startup-Buch der mymuesli-Gründer von Hubertus Bessau, Philipp Kraiss und Maxi Wittrock. Ein beispielhaftes Buch einer sympathischen, wahren Geschichte. In Deutschland eine der meistzitierten Geschichten über drei Passauer Jungs, die es geschafft haben.
- ↑ Einfach machen! Der Guide für Gründerinnen von Katharina Marisa Katz und Sarah Neuendorf wird in allen Foren sehr gut besprochen. Es basiert auf der Erfahrung von zwanzig Gründerinnen und gibt jede Menge Tipps von den Expertinnen.
- ↑ Arbeitsbuch Start-up. Das 7-Stufen-Programm von Felix Thönnessen. Ein unaufgeregtes Arbeitsbuch, das systematisch aufgebaut ist und Transparenz in den Grün-

dungswahn bringen will. Es verhehlt nicht, wie viel Arbeit im Gründen eines Startups steckt.

- ↑ Kopf schlägt Kapital von Günter Faltin. Es ist ein unkonventionelles Buch, das eine ganz andere Art, ein Unternehmen zu gründen, zelebriert und »von der Lust, ein Entrepreneur zu sein«, schwärmt.
- ↑ Lean Startup von Eric Ries gilt seit Jahren als Klassiker mit der Behauptung, schnell und risikolos ein erfolgreiches Unternehmen zu gründen. Mehr zu diesem Buch in der fünften Lüge über »Das Lean«.
- ↑ Existenzgründung: In zehn Schritten zum Erfolg ist auf den ersten Blick ein gewöhnliches Handbuch. Das Besondere hieran: Es erscheint von Stiftung Warentest. In den Kritiken wird dieser Ratgeber sehr gut bewertet, da er als umfassend gilt, also Recht ebenso abdeckt wie Risiken.

Vor allem tummeln sich zwei Arten von Herangehensweisen an die Startup-Szene: die Nutzwertbücher mit 1000 Tipps, 100 Gründern, 50 Fehlern, 200 Warnungen. Diese How-to-Fastfood-Ware funktioniert vor allem dann, wenn das Wort »Startup« auf dem Cover erscheint.

Die zweite Art ist das Erfolgsbeispiel, die ganze Geschichte der Gründer von Mymuesli etwa. Hier fluten vor allem Beispiele aus dem amerikanischen Markt die Regale der Buchgeschäfte. *Die Airbnb-Story* von Gründer Leigh Gallagher ist hier ebenso zu finden wie *Ubermacht* zur Disruption in der Taxibranche, Ubers Siegesstraße. Auch *Zero to One* von Peter Thiel gehört in diese Liga. Thiel gilt als erster Investor von Facebook und ist einer von drei Gründern von Paypal. Sein Buch gehört zu den Klassikern über Startups.

Aber sind all diese Bücher ehrlich? Sind sie nicht meist zu euphorisch, zu optimistisch, zu realitätsfremd? Es wirkt ein wenig so, als würde jemand ein Buch über das Lottospielen publizieren, darin aber ausschließlich über Gewinner berichten, ja, ein paar Seiten auch über das Risiko und die Rückschläge, wie man etwa einmal fast sechs Richtige gehabt habe. Aber würde so ein Buch die Realität der Lottospieler abbilden, die vor allem nichts gewinnen?

Ist es nicht geradezu metaphorisch, dass sich zum Thema Startups vor allem eines verkauft: heiße Luft? Und bedeutet diese riesige Auswahl an Startup-Ratgebern, dass sich alle für Startups interessieren? Mitnichten, es sind ja eher Handreichungen und Mutmachwerke für hoffnungsfrohe Gründer. Und es ist völlig klar: All die Ratschläge, Weisheiten, Tipps in den Startup-Büchern gleichen sich häufig. Mal wieder: viel alter Wein in coolen Hipsterschläuchen.

Zehnte Lüge:

Startups machen ehrliches Business

Veräppeln als Geschäftsmodell

Apple gilt als Mutter aller Startups – und steht für viele daher als Inbegriff für das Silicon Valley. Apple ist die Vereinfachung der komplizierten digitalen Welt. Das wirkt so ehrlich, dass manche Menschen gar von einer »Demokratisierung der Technik« sprechen, zumal es ziemlich studiert klingt. Apple war auch oft genug Vorreiter neuester Technologien, vor allem mit dem iPhone und dem iPad, steht für schickes Design und für die Generation Wirhabenesgeschafft. Denn Apple ist teuer.

Von der Ausbeutung, die Apple bei der Produktion in China und anderen armen Ecken der Welt betreiben soll, wollen wir hier gar nicht reden, auch nicht von den eigens eingerichteten Fangzäunen an chinesischen Fabriken, die Arbeiter vor dem Suizid retten sollen. Nein, so böse Themen gehören hier nicht her, denken wir lieber an die schöne heile Welt, an die museal wirkenden Apple-Stores und die coolen Geräte. Auch die brutale kapitalistische Denkweise, die Apple pflegt, lassen wir mal außen vor. Weil es uns allen, wie alles, was an Apple böse ist, wurst ist. So ist uns völlig egal, dass Apple immer eigene Systeme hat, ganz gleich, ob es um Musik, Stromanschlüsse, nicht wechselbare Speicherkarten oder nicht selbst austauschbare Akkus geht. Das gibt Apple Macht, und zwar in jeder Hinsicht.

Ein Beispiel für das, was sich Apple erlaubt. So lautete die Schlagzeile in der *Süddeutschen Zeitung* vom 22. Dezember 2017:

»Apple räumt erstmals ein, alte iPhones gezielt zu verlangsamen.« Apple musste zugeben, dass es die teuren iPhones älterer Generationen mittels Updates langsamer gemacht hatte, mit voller Absicht. Von wegen Ehrlichkeit; Apple hatte seine Fans belogen.

Man stelle sich vor, Porsche würde so agieren, wie Apple es tut. Dann müsste der Wagen irgendwann, wenn er beispielsweise schon dramatische zwei Jahre alt wäre, in die Werkstatt. Dort würde ihm ein Update aufgespielt, mit der Folge: Statt 315 Stundenkilometer liefe der Wagen nur noch 150, vielleicht auch nur noch 120. Der Blinker ginge nur noch auf der rechten Seite, die Sitzheizung nur am Po. Würde sich Porsche so etwas erlauben? Die Firma, die darauf stolz ist, dass ihre Wagen von allen Automodellen noch am längsten auf den Straßen herumkurven?

Nach zwei bis drei Jahren will Apple seine eigenen Kunden so entnervt haben, dass sie sich ein neues Smartphone zulegen. Aus Marketingsicht ist das ziemlich mutig. Wie kann man denn bloß so denken? Wie ist Apple denn drauf? Das Unternehmen scheint ehrlich zu glauben, ziemlich vernünftig gehandelt zu haben. Denn die Akkus früherer Smartphone-Modelle sollen nicht besonders zuverlässig gewesen sein und brachen deshalb bei großem Strombedarf plötzlich zusammen. Bei einem heiklen Zahlvorgang oder einem spannenden Game ein plötzliches Aus zu erleben, kann nervig sein, klar. Und genau aus diesem Grund, um diese älteren Akkus zu schonen und solche Ausfälle zu vermeiden, drosselte Apple den Motor. Echte Fürsorge also.

Die Folge bei Apple: Noch Anfang November 2017, also kurz vor dem Drosselungsskandal, kündigte Apple an, dank des neuen iPhone X vor einem Rekordumsatz zu stehen. Doch durch diese »Jetzt-mal-langsam«-Meldung schloss Apple erstmals nach 16 Jahren mit einem Umsatzrückgang ab. Laut unbestätigten Meldungen soll das Weihnachtsgeschäft um 10 Prozent rückläufig gewesen sein.

Dann erst, nach dem heiligen Fest, lenkte Apple ein und schrieb einen Brief an die Kunden. Das Unternehmen entschuldigte sich, die Nutzer enttäuscht zu haben, und reduzierte den Preis für einen Akkuwechsel von 79 auf 29 Dollar – was immer noch deutlich teurer war als die Akkus fast aller Wettbewerber.

Ach ja, schon mal versucht, eine Batterie vom iPhone wechseln zu lassen? Tja, das ist kein Spaß. Man fahre zu einer großen Stadt, wo ein Apple-Store oder ein hochoffiziell autorisierter Fachhändler ist. Dort darf man anstehen, um zu erfahren, dass man erst an der Terminschlange anstehen muss. Klappt alles perfekt, und hat man gigantisches Glück, wird die Batterie noch am selben Tag gewechselt. Man sollte allerdings eine Wartezeit von 5,5 Stunden einplanen. Das sind die positiven Seiten des Apple-Service. Wer Pech hat, muss eine Woche lang sein iPhone abgeben – für einen Batteriewechsel. Geile UX, wie es im Startup heißt, User Experience. Kann Apple aber so ziemlich egal sein, solange die Kunden in Massen die Produkte kaufen.

Apple kann sogar noch fieser sein. Denn die Firma hat es schon geschafft, andere Startups und Unternehmen in den Ruin zu treiben, wie wir am Beispiel Jungblut in der elften Lüge in diesem Buch sehen werden, – und zwar solche, die mit Apple-Produkten arbeiten. Weil sie auf Apple gesetzt haben. Pervers, oder?

Dass es mit einer Marke zu technischen Handicaps kommt, ist völlig normal. So gab es etwa Ende 2018 mit dem iPhone X und dem MacBook Pro Probleme, die zu einer Art Rückruf führten: Das iPhone sprang an, wenn der Touchscreen gar nicht berührt wurde, und beim MacBook kam es zu Ausfällen des Speicherlaufwerks. Fatal, da frisch gespeicherte Daten manchmal einfach verloren gingen. Besonders dramatisch ist so etwas natürlich für Geschäftskunden. Ebenso, ebenfalls im vierten Quartal 2018, Ausfälle von iCloud, die Mails und Backups betrafen und die Synchronisation lahmlegten oder einschränkten.

Läuft die Technik, ist Apple für Entwickler trotzdem eine nervige Herausforderung, denn sie müssen eine App-Version für iOS schreiben und, weil es so viel Spaß macht, eine weitere, die auf den Mac-Rechnern läuft. Das ist vor allem für die Apps extrem aufwendig, die regelmäßig aktualisiert werden. Twitter ist so ein Beispiel, nicht gerade ein kleiner Player, dem es gelingt, auf iOS, also auf dem iPhone, technisch immer auf dem neuesten Stand zu sein, aber für den Mac gelingt das schlicht nicht. Anscheinend will Apple das Problem irgendwann lösen. »Wenn Apple einen Fehler macht, ist es allerdings nicht gut darin, diesen auch zuzugeben«, schrieb *businessinsider.de* am 14. März 2017.

Mit der Fehlerkultur kann Apple ganze Geschäftsmodelle ins Wanken bringen. Mutmaßlich ganz bewusst. Denn, so hat es den Anschein, Apple versucht den Druck auf Unternehmen und deren Kunden so zu erhöhen, dass alle Welt die ganze Zeit neue Apple-Produkte erwirbt. Sei es aufgrund schwächelnder Batterien, sei es weil nicht mehr alle Funktionalitäten gewährleistet werden.

Das Wunder von Facebook

Jedes Startup hat den heimlichen Wunsch, das nächste Facebook zu werden, jeder Gründer will der kommende Mark Zuckerberg sein. Doch nur wenige Startup-Gründer kennen das eigentliche Wunder von Facebook: die wundersame Vermehrung von Menschen – eine der großen Lügen von Zuckerbergs Truppe. Denn Facebook erreichte im Jahr 2017 Millionen von Deutschen, Amerikanern und vielen weiteren Menschen, die es gar nicht gab. Eigentlich hätte dies der Aufreger des Jahres sein müssen, doch kaum jemand schien das mitbekommen zu haben. Welch einen Aufschrei gibt es, wenn sich ein etabliertes Unternehmen mal verrechnet, völlig zu Recht. Aber Facebooks Lügenstory – folgenlos?

Was genau war denn da passiert, bei Facebook? Der Konzern lebt bekanntermaßen vor allem von Werbung. Bei einem auf gut 40 Milliarden Euro geschätzten Umsatz 2017 kommen 87 Prozent durch Reklame auf Smartphones und Tablets, also rund 35 Milliarden Euro. Trotz einer befürchteten Stagnation der Nutzer dürften die Umsätze in den kommenden Jahren weiter steigen.

Um seine Werbung teuer verkaufen zu können, veröffentlicht Facebook Daten über seine weltweit gut zwei Milliarden Nutzer. In den für die Werbewirtschaft wichtigsten Märkten gibt es demnach anscheinend mehr User als Einwohner. Zum Beispiel in Deutschland: 12 Millionen Twens zwischen 20 und 29 Jahren erreicht Facebook hier nach eigenen Angaben. Komisch, denn nach offiziellen Angaben hat die Bundesrepublik Deutschland nur 9,2 Millionen Einwohner in dem Alter, also 2,8 Millionen oder 30 Prozent weniger, als Facebook gezählt hat.

Ähnlich sieht es mit der wundersamen Vermehrung von Völkern in zig weiteren Ländern aus. Etwa in den USA und in Kanada, wo laut Facebook 42 Prozent mehr Twens wohnen als nach behördlichen Volkszählungen. In Großbritannien, Nordirland, Frankreich, Australien und Frankreich liegen die Abweichungen zwischen 30 und 40 Prozent. Herausgefunden hat dies *Adnews*, ein Fachmagazin aus Australien, indem es schlicht das »Audience Tool« von Facebook mit aktuellen Behördenangaben verglichen hat. Demnach kommt es auch bei älteren Zielgruppen zu riesigen Abweichungen.

Für Werbetreibende war das ein Schlag ins Gesicht – wo bei Ferrero, Nestlé und Volkswagen jeder Euro zweimal umgedreht wird, bevor er in Werbung gesteckt wird. Aber wenn Facebook falsche Angaben macht, scheint das einfach so hingenommen zu werden, ohne große Konsequenzen. Warum eigentlich? Weil Mark so ehrliche Augen hat?

Gut, Facebook versuchte es 2017, als diese Bevölkerungsvermehrung öffentlich wurde, mit einer Erklärung: Es habe sich um Schätzungen gehandelt, hieß es bei dem sozialen Netzwerk. Diese seien nicht zum Vergleich mit der Bevölkerungsstatistik gedacht, zitierte der Dienst *Heise online*. »Vielmehr sollen sie den zahlenden Kunden zeigen, wie viele Facebook-User theoretisch geschaltete Werbung vorgesetzt bekommen könnten.« Das ist schon dreist. Eine Entschuldigung klingt anders. Facebook ging eher auf Angriff, so *Heise* weiter: »In diese Schätzungen flössen verschiedene Faktoren ein, darunter das Nutzungsverhalten der User, deren statistische Angaben und Ortungsdaten der benutzten Geräte. Damit würden auch Auslandsreisende erfasst, die nicht im jeweiligen Land wohnen und bei Volkszählungen nur teilweise erfasst werden.«

Mal ehrlich, das ist der Gipfel der Frechheit. Da weichen Zahlen von Bevölkerungen mal um 30 bis 40 Prozent bei großen Nationen ab, und dann spricht Facebook von Menschen, die im Ausland unterwegs seien? Nicht mal in den Sommerferien sind solche Massen von Menschen unterwegs. Aber gut, glauben wir mal Facebook, unserem großen, ehrlichen Vorbild, an dem wir uns in unseren Startups und mittelständischen Unternehmen gerne orientieren.

Später, nach Veröffentlichung der Meldung bei *Heise online*, bezog Facebook doch noch einmal offiziell Stellung: »Geschätzte Reichweiten in unserem Werbeanzeigen-Manager sind nicht darauf ausgelegt, Bevölkerungsdaten zu entsprechen. Sie spiegeln Nutzerverhalten, Nutzerdemografie, Standortdaten und weitere Faktoren wider.« Wow, selbst nach gründlicher Selbstreflexion immer noch keine Entschuldigung. Für Werbekunden kein Preisnachlass, für niemanden eine plausible Erklärung. Pinocchiobooks Nase wächst hemmungslos in endlose Hemisphären.

Was passierte nach diesem Skandal? Agierten die ganzen Unternehmen, die auf Facebook werben, zurückhaltender? Waren sie sauer, enttäuscht, weil sie getäuscht wurden? Schauen wir uns die Zahlen einmal an: Während des Skandals, im ersten Quartal 2017, stieg der Gewinn von Facebook um 76 Prozent auf über 3 Milliarden Dollar. Doch dann, im zweiten Quartal, also unmittelbar nach den irrsinnigen Reichweitenangaben, geschah etwas Wunderbares: Facebook sprach von einem Gewinnsprung: Es verdiente mit 3,89 Milliarden Dollar 71 Prozent mehr als vor einem Jahr, teilte das Unternehmen am 26. Juli 2017 mit. Der

Umsatz von Facebook stieg um 45 Prozent auf 9,32 Milliarden Dollar.

Was also haben wir aus dem Skandal gelernt? Nichts. Oder doch: Silicon Valley-Heilige können machen, was sie wollen, niemand regt sich auf, niemanden schert es, weil sie das Vorbild für die restliche Welt sind, vor allem für alle Startups.

Immerhin verdanken wir Cambridge Analytica, dem britischen Wahlkampfbeeinflusser mit dem millionenfachen Missbrauchsvorwurf von Facebook-Nutzerdaten, eine lustige Episode, die sich 2018 zugetragen hat: Facebook-Gründer Mark Zuckerberg musste vor dem US-Kongress antreten. Brav, bieder, banal versuchte er, Reue zu zeigen. Schließlich gab es in den Tagen zuvor schon Verluste in Höhe von über 50 Milliarden Dollar bei seiner Firma, die doch immer so offen und ehrlich sein will.

Allerdings führte Senator Dick Durbin Mr. Facebook vor, als er fragte: »Mister Zuckerberg, würden Sie sich wohl damit fühlen, uns den Namen des Hotels zu nennen, in dem Sie gestern untergekommen sind?« Zuckerberg stutzte und antwortete nach einer Verzögerung: »Ähm, nein …« Die Senatoren lachten, Zuckerberg lächelte verlegen. Dick Durbin weiter: »Falls Sie jemandem in dieser Woche geschrieben haben, würden Sie mit uns die Namen der Leute teilen, die Sie kontaktiert haben?« »Senator, nein«, antwortete Mark Zuckerberg, »ich würde mich wahrscheinlich nicht entscheiden, das hier öffentlich zu tun.«

Am Ende gehe es in der Debatte um Datenskandale und Wählerbeeinflussung, um das Recht auf Privatsphäre, so Durbin. »Die Grenzen des Rechts auf Privatsphäre und wie viel man davon im modernen Amerika unter dem Begriff ›Menschen um die Welt verbinden‹ aufgibt.« Facebook werbe damit, dass über die Plattform Menschen in Verbindung blieben, so laut *Tagesschau.de* am 11. April 2018.

Selbst der Datenskandal von Cambridge Analytica brachte Facebook nicht ins Schlingern. Auf dem Höhepunkt dieses Skandals, bei dem es um Missbrauch von Nutzerdaten ging, im Jahr

2018, sorgte Facebook vor allem für eines: Rekordumsätze, mehr Werbung, mehr Nutzer, mehr alles. Da waren, wie die *FAZ* am 26. April 2018 unter der Headline »Die Ruhe vor dem Datenskandal« schrieb, auf unzulässigen Wegen Informationen von Millionen von Facebook-Mitgliedern in Umlauf geraten, doch der Umsatz des sozialen Netzwerks kletterte da erneut gigantisch, um 49 Prozent auf 12 Milliarden Dollar, und das allein im folgenden Skandalquartal. Weil das über den Erwartungen der Analysten lag, stieg der Aktienkurs zeitweise sogar um mehr als 6 Prozent.

Wie die größten Startups lügen

Sind denn wirklich alle Startups so verlogen? Alle Startups, die es geschafft haben, zum erfolgreichen Unicorn zu mutieren? Gelingt es womöglich Startups nur dann, so groß und erfolgreich zu werden, wenn sie unehrlich sind?

Wagt man den durchaus legitimen Gedanken, die Invasion von Facebook, Amazon, Apple und Co. rein wirtschaftlich gesehen positiv zu betrachten, merkt man, wie schnell man an seine Grenzen kommt. Denn die Silicon-Valley-Panzer, die in Europa Stellung beziehen, sind an Regeln wie ehrliche Steuerzahlungen nicht besonders interessiert. Die EU-Kommission drückt sich dabei so gepflegt aus, so freundlich, wenn sie von »höchst umstrittenen Steuerpraktiken großer Konzerne« spricht.

Wie sehen denn diese Praktiken aus? So böse können die Social Giants und Suchmaschinerien nicht sein, oder? Und, das muss an dieser Stelle zugegeben werden, all die Praktiken werden von einzelnen europäischen Ländern durchaus unterstützt, von Irland mit Kleeblattherzblut bis zu Luxemburg, dem Geldkofferdepot Europas.

Ende 2017 etwa verlangte die EU-Kommission von dem Großherzogtum, 250 Millionen Euro von Amazon zurückzufordern. 250 lächerliche Millionen, die Luxemburg mal nebenbei als Steuervergünstigungen deklariert hatte – sicher in dem Glauben, alles voll legal abgehandelt zu haben. Schließlich ist Amazon ein Prime-Kunde von Luxemburg. Aber das wussten die Brüsseler EU-Behörden wohl nicht. Was wissen die denn überhaupt von Prime? Doch die EU sah das anders: Sie betrachtete Amazon eher als Crime-Kunden, der »unfaire Vorteile gegenüber Konkurrenten erhalten« habe, wie Wettbewerbskommissarin Margrethe Vestager es nannte. Und sie wurde noch angriffslustiger und sagte, dass dies illegal sei und gegen EU-Recht verstoße.

Was juckte das Amazon? Wenig, denn das Unternehmen winkte seelenruhig mit der Arbeitsplatzbeschaffungskarte, auch A-Karte genannt, die bei solchen Gelegenheiten gerne der EU-Kommission gezeigt wird. Eintausendfünfhundertundeinen Mitarbeiter beschäftigt Amazon im kleinen Großherzogtum und darf sich damit als einer der großen Arbeitgeber des Landes bezeichnen. Und kann somit machen, was man in Seattle will – was die EU aber nicht unbedingt will.

250 Millionen Nachzahlung, Rückzahlung oder Strafe, wie man es auch immer nennen mag, sind nicht wirklich viel Geld für Amazon. Immerhin hatte der Konzern im letzten Geschäftsjahr davor das Zehnfache, also 2,4 Milliarden Euro, an Gewinn eingefahren – Gewinn, nach Abzug aller Kosten und Steuern. Ach was, welche Steuern? Nein, damit will Amazon nicht so viel zu tun haben – Steuer ist zu teuer. Stimmt so auch nicht: »Fast drei Viertel der Gewinne von Amazon wurden nicht besteuert«, so Vestager laut *Süddeutscher Zeitung*. Also nicht nichts. Es soll eine Steuerabsprache geben, die vor über anderthalb Jahrzehnten im Jahr 2003 gemacht wurde. Demnach habe Amazon sehr viel weniger Abgaben zahlen müssen als andere Unternehmen. Das sagt alles die EU-Frau, und sie muss es ja wissen.

Amazon fühlte sich auf den Schlips getreten, ungerecht behandelt, war beleidigt: »Wir sind der Ansicht, dass Amazon keine Sonderbehandlung von Luxemburg erhalten hat und wir Steuern in vollem Einklang mit dem luxemburgischen und internationalen Steuerrecht bezahlt haben.« Wahr ist, dass Amazon im Jahr 2015 seine Steuerpraxis geändert hat. Seither versteuert der Onlinehändler seine Gewinne in einzelnen europäischen Ländern, auch in Deutschland. Doch wie hoch, wie korrekt diese Versteuerungen sind, keine Ahnung. Sicher fair, anständig, transparent, großzügig, komplett – ehrlich eben.

So wie auch Apple, die coolste Marke der Welt, immer ehrlich und fair ist. Das beginnt bei der Herstellung der eigenen Produkte in China, wie vorher erwähnt, wo noch nie ein Arbeiter ausgebeutet wurde. Apple schwor, dass sich die Dienstleister an wöchentlich 60 Stunden maximale Arbeitszeit halten würden und ausreichende Gehälter zahlen würden. Ausreichend ist in China relativ, aber egal, hier geht es um die Fairness, die das wertvollste Unternehmen der Welt mit einem Börsenwert von 800 Milliarden Dollar in Sachen Steuern praktiziert.

Apple liebt die Oase des grünen Irland. Denn hier ist die Welt noch in Ordnung – für US-Konzerne, die Steuervorurteile haben und Steuervorteile für die normalste Sache der Welt halten. Aber auch Irland macht das Spiel mit, ganz aktiv. 13 Milliarden Euro solle Irland an unrechtmäßigen Steuervorteilen von Apple eintreiben, forderte völlig frech im Jahr 2017 der Europäische Gerichtshof. Nach einem Jahr des Wartens sei es nun eine Sache der Justiz.

Wenn ein ganz normaler Arbeiter in Deutschland seine Steuern mal nicht korrekt zahlen und nach einer Mahnung ein Jahr vergehen lassen würde, wäre er vermutlich bald im Gefängnis. Bei 13 Milliarden Euro sieht man darüber hinweg, lächelt und freut sich des Lebens. Grüße an die freundlichen Arbeiter nach China. Hoffentlich zahlen die wenigstens ihre Steuern. So zahlt Apple ja irgendwie Steuern in irgendwelcher Art. Alles gut, oder?

Jedenfalls war die irische Regierung sauer. Sauer, weil sie nun gerichtlich dazu gezwungen werden sollte, Steuern einzutreiben. Wörtlich nannten die Iren den EuGH-Vorstoß »extrem enttäuschend«. Was ist denn daran bitte so extrem enttäuschend? Wir prüfen das mal nach: Es geht um die Höhe des Steuersatzes, den Apple zu zahlen hat. Von wegen »unerlaubte Vergünstigungen« der Iren: Zwischen 2003 und 2014 zahlte Apple keine 40 bis 50 Prozent wie jeder Arbeitnehmer, keine 10 Prozent, nicht einmal ein einziges Prozent, sondern: 0,005 Prozent. Ich wiederhole, des Verständnisses wegen: 0,005 Prozent! Das wäre bei einem Verdienst von 100 Euro ein halber Cent. Bei 100 000 Euro wären es ganze 5 Euro. Nein, hier muss ich mich verrechnet haben. 5 Euro pro 100 000 Euro Gewinn?

Ob der Vorstoß von zehn EU-Ländern, eine Besteuerung für Internetkonzerne nach Umsatz statt nach Gewinn zu unternehmen, sich je durchsetzen wird? Könnte eine Idee sein. Aber so lange darf sich die EU an 50 Euro pro einer Million Euro an Steuern erfreuen. Danke, Apple.

Big Deppl, wie die Bayern mal zu Recht sagen würden. Das ist der perfekte Übergang zu Donald Trump mit seiner America-first-Utopie, den Apple mit lautstarken Kommunikationsmaßnahmen bekriegte, etwa zum Thema Rassismus im Charlottesville oder zum Einreiseverbot von Menschen aus mehreren muslimischen Ländern. Doch Big Apple knickte eines Tages vor Trump ein – wenn man es so nennen will. Es war aber wohl eher so, als hätte ein Bankräuber, der den Staatstresor geknackt hat, Geld im Ausland vergraben. Und jetzt, da es eine befristete Amnestie für Auslandserlöse gibt, will Apple-Chefräuber Tim Cook sein Raubgut ausgraben, um es »nach Hause« in die USA zu bringen, wie er sagte. Natürlich darf man ihn nicht als Chefräuber bezeichnen und das unterschlagene Geld nicht als Raubgut – sorry für diesen Fehler!

Um wie viel Geld es sich handelt? Nun ja, in einen Aktenkoffer passt diese Summe kaum: Es geht um rund 250 Milliarden Dollar, die an den Finanzämtern vorbeigeschleust worden sein sollen – eine unvorstellbare Summe. Zum Vergleich: Die USA haben 2017 mehr als 700 Milliarden Dollar Haushaltsdefizit erwirtschaftet und 2018 zwar etwas weniger, aber immer noch 250 Milliarden Dollar mehr als ursprünglich befürchtet.

Aber Tim Cook ist ja ein guter, ehrlicher Mensch als Vorbild aller Startup-Gründer. Er verspricht dem Finanzamt freundliche 38 Milliarden Dollar. Und er will Datenzentren bauen, einen weiteren Firmensitz und zwanzigtausend Jobs schaffen. Na also, Kriminalität zahlt sich aus. Nicht, dass Apple kriminell wäre, nein. »Wir verspüren ein tiefes Gefühl der Verantwortung, wollen unserem Land und den Menschen, die unseren Erfolg ermöglichen, etwas zurückzugeben«, sagte Cook. Was nach einem fiktiven Pater Abraham klingt, ist nichts anderes, als wenn der besagte Bankräuber zu seiner Sparkassenfiliale zurückkäme, von den geklauten 25 Millionen Euro 3,8 Millionen zurückgäbe und sagte, dass er sich vom restlichen Geld ein schönes Eigenheim bauen wolle und darin zehn Jobs schaffe.

Die Begründung klingt abenteuerlich, wenn man der *Süddeutschen Zeitung* vom 19. Januar 2018 Glauben schenkt: Apple habe eine Versteuerung des Geldes mit dem US-Satz von bis zu 35 Prozent als »nachteilig für die Aktionäre abgelehnt«. Komisch, genau so geht es doch jedem einzelnen Bürger, dass man seine Steuer als nachteilig empfindet – und sie dann ablehnt? Wie, bitte schön, geht das denn?

Erweitern wir mal den Blick auf die gesamte US-Wirtschaft, um zu sehen, wie Apple in Relation zu den anderen Steuerflüchtigen aussieht. Schätzungen zufolge haben US-Konzerne mehr als 3 Billionen Dollar im Ausland gebunkert. Das sind 3000 Milliarden Dollar. Die Wirtschaftsexperten von Bloomberg haben ein spannendes Ranking der Top-12-Unternehmen, die das meiste Geld, bar, im Ausland geparkt haben. Diese Liste führt Apple mit großem Abstand an. Die Nummer 2 ist Microsoft mit ungefähr der Hälfte von Apples Auslandskapital. Überhaupt, die Top 5 sind alles irgendwie ehemalige Startups, Computer- oder Softwaregiganten – das nur nebenbei.

Unternehmen	Barreserven	Anteil an gesamten Barreserven
Apple	246,0 Mrd. $	94,1 %
Microsoft	132,1 Mrd. $	95,4 %
Cisco Systems	67,5 Mrd. $	95,8 %
Alphabet (Google)	60,5 Mrd. $	56,3 %
Oracle	58,3 Mrd. $	87,1 %
Johnson & Johnson	41,3 Mrd. $	98,6 %
Amgen	38,9 Mrd. $	94,1 %
Gilead Sciences	30,8 Mrd. $	84,2 %
Qualcomm	29,4 Mrd. $	76,2 %
General Electric	27,0 Mrd. $	34,4 %
Coca-Cola	24,7 Mrd. $	90,3 %
PepsiCo	17,5 Mrd. $	97,7 %

Die US-Konzerne mit den größten Barreserven im Ausland (Quelle: Bloomberg/SZ 19. Januar 2018).

Apple-Chef Tim Cook warf mit Milliarden-Versprechungen nur so um sich: 350 Milliarden Dollar sollen in den nächsten fünf Jahren in die US-Wirtschaft gepumpt werden, jeder Mitarbeiter solle zudem mit einem einmaligen Bonus von 2500 Dollar befriedigt werden, und so weiter und so fort. Ob etwa auch die 13 Milliarden Steuernachzahlungen getilgt würden, die Irland von Apple eintreiben soll, ließ er offen.

Aber für so etwas gibt es ja Gerichte. Diese fällen Urteile, und die werden dann vollzogen, normalerweise. Nicht unbedingt aber, wenn es um Apple in Irland geht. So kam es im Jahr 2016 zu einer EU-Entscheidung, wonach Irland diese verdammten 13 Milliarden Euro Steuerdefizite rückwirkend aus den Jahren 2003 bis 2014 eintreiben sollte. Plus Zinsen könnten das sogar um die 15 Milliarden Euro sein. Doch die irische Regierung tat Folgendes: Sie, Zitat, »stimmt dem Urteil nicht zu«. Um am Ende nicht vor dem Europäischen Gerichtshof zu landen, hatte Irland weitere Ideen: Zunächst spielte die Regierung auf Zeit, Monat für Monat, bis fast zwei Jahre seit dem Urteil vergangen waren. Dann, im April 2018, bekannte Irland, die bindenden rechtlichen Vorschriften in diesem Fall doch einzuhalten, wie *Spiegel online* am 25. April 2018 berichtete. Obgleich das Urteil die »Integrität des irischen Steuersystems untergrabe«. Der nächste Trick der Irländer: Apples Steuernachzahlung sollte irgendwann in weit entfernten Monaten auf ein Treuhandkonto eingehen, dann könnten gemütlich Berufungsverhandlungen beginnen.

Nein, das ist freilich keine Beihilfe zur Steuerhinterziehung. Alles ist so was von legal. Startups, lernt von den Großen! Ehrlichkeit zahlt sich nicht aus.

Wie ein kleines Startup lügt

Wie leichtfertig und unseriös Startups zuweilen handeln, sogar, wenn es um das Thema Vertrauen bei Investoren geht, beweist das Frankfurter Startup Savedroid: »PR-Gag, Betrug, Hack?«, fragte in der Headline das Portal *deutsche-startups.de* Ende April 2018, weil das Startup seine Homepage deaktiviert und auf seine Homepage ein Bild aus der Fernsehserie *South Park* gestellt hatte mit den Worten: »Aannnd it's gone.« Auf Deutsch in etwa: Uunnnd, es ist vorbei!

Schlimmer noch: Der Gründer von Savedroid, Yassin Hankir, verschickte per Twitter laut *deutsche-startups.de* »süffisante Urlaubsgrüße«: »Thanks guys! Over and out … #savedroildICO.« Das Portal *Gründerszene* schrieb, der CEO habe sogar Urlaubsbilder verschickt, und publizierte diese. Eines zeigte Hankir am Frankfurter Flughafen mit dem Daumen nach oben, ein anderes zeigte eine Hand mit einer Bierflasche der ägyptischen Biermarke Stella vor einem Strand. Anfragen blieben unbeantwortet, Anrufe auf Hankirs Handy liefen auf die Mailbox, selbst die Support-Telefone von Savedroid blieben unbesetzt, und, so *Gründerszene* weiter, die Administratoren des zugehörigen Telegram-Channels waren offline.

Keine Pressemitteilung, keine Information, kein Hinweis, kein Nichts über nichts. Schnell machte ein Gerücht die Runde, der Chef habe sich aus dem Staub gemacht. Via ICO soll seine Firma von 35 000 Kleininvestoren rund 40 Millionen Euro eingesammelt haben. ICO steht für »Initial Coin Offering«, ist also eine Methode zur Unternehmensfinanzierung. ICO wird definiert als unregulierte Methode des Crowdfunding, wird allerdings nur von Firmen genutzt, deren Geschäftsmodell auf Kryptowährungen wie Bitcoin basiert.

Das Konzept ist sehr ähnlich wie ein Börsengang, wirkt aber nicht so lupenrein, nicht so kontrolliert. Denn Startups, die diesen Weg wählen, vermeiden ganz bewusst den streng regulierten Prozess der Kapitalaufnahme, der von Risikokapitalgebern, Banken oder Börsen vorgeschrieben wird, wie das Institut für Finanzen an der Hochschule für Wirtschaft in Freiburg dokumentiert.

In der Startup-Szene nennt sich solch eine Flucht mit dem Geld voller Taschen: Exit-Scam. Was für ein Wahn! Wird bei Startups so ein verantwortungsloses Verhalten einfach mal geduldet, durchgewunken? Man stelle sich vor, ein Holzhändler, Metzger oder Schreibwarengeschäft würde sich so aufführen – nachdem ihm 40 Millionen Euro anvertraut worden sind.

Oder man stelle sich vor, jemand gründet eine Bank, erhält 40 Millionen Euro von Investoren und erweckt dann den Anschein, die Koffer voller Geld zu packen und zu verduften. Denn genau so ist es gewesen: Savedroid ist eine Art Bank. Das Startup wirbt mit dem Satz »Wünsche erfüllen, während andere nur träumen« und bezeichnet sich als »erste Spar-App mit dem kleinen Droiden, der Träume wahr machen kann«. Das Modell: Individuelle Algorithmen, also Einstellungen vornehmen, alias »Wenn-dann-Regeln« – und fertig ist die »digitale Spardose«, wie sie sich nennt, die bei diversen Aktionen Geld zur Seite legt.

Das mag ja grundsätzlich gar keine üble Idee sein. Aber Geschäfte, die unmittelbar mit Geld und Sparen zu tun haben, riechen nach einer modernen Form von Sparkasse und müssen sich ihr Vertrauen mühsam aufbauen. Man stelle sich vor, die Sparkasse Krefeld gründet ein Startup mit genau dieser Idee und friert dann die Homepage ein. Das Management ist nicht mehr erreichbar. Es postet sich vom Strand mit Bierflasche in der Hand, als PR-Gag. Unglaublich!

»And it's NOT gone«, titelte die Webseite von Savedroid nach dem PR-Gag. Darunter stand zu lesen: »savedroid was here, is here, and will be here. Aaand savedroid is all in for establishing high quality ICO standards.«

Auf der Homepage von Savedroid war nicht gerade Deutschlands bester Texter unterwegs. »Die Scheu Fehler zu machen haben wir nicht, denn daraus lernen wir«, hieß es auf dem Portal, das quasi eine Sparkasse für Arme ist oder für Träumer. Will man eine Art Bank, die auf ihrer Startseite Fehler ankündigt? »Mit uns gestaltest du Lösungen und erlebst Vielseitigkeit in allen Kanälen unseres Startups, denn kein Tag ist wie der andere.« Ja, das haben die Savedroiden bewiesen.

Wie ernst sie das Leben, sich und ihre Kunden nehmen, sieht man auch bei der Vorstellung ihres Teams. Neben dreiundzwanzig namentlich genannten Personen werden in gleicher Art Lila und Jewa vorgestellt, zwei Hunde. Wie witzig. Savedroid-Chef Yassin Hankir jedenfalls bereute seine PR-Aktion nicht und glaubt, voll cool, dass die positiven Effekte am Ende überwiegen würden. Er wisse ja selbst, wie sein System der Kryptowährungen in der Bevölkerung gesehen werde. Da seien nur Verbrecher unterwegs, kriminelle Geschäfte, Zockerei. Das sei superschädlich, sagt er im Interview gegenüber *Gründerszene* am 19. April 2018 und sprach von »Vertrauensaufbau«.

Echt, hat diese Lügenaktion den Vertrauensaufbau gestärkt? Bekanntermaßen hat die ICO-Szene ein Problem mit Betrügereien. Wer hätte das gedacht? Für den Savedroid-Chef hatte seine

Aktion bösartige Folgen: Morddrohungen auf Twitter, ein Kopfgeld wurde auf ihn ausgesetzt, Tweets zu schwerer Körperverletzung. Diese Lynchmob-Stimmung, räumt der Chef ein, habe er unterschätzt. Immerhin eine Andeutung von einsichtigem Verhalten – bei einer auf die bewusste Inszenierung von Lügen aufgebauten PR-Strategie eines Startups.

Wie ein kleines Startup im großen Stil betrügt

Nehmen wir ein weiteres Beispiel für die Startup-Lüge. Es ist ein blutrünstiges Beispiel, bei dem es um viel Geld geht, um Betrug, Lügen, Milliarden von Dollar. Es geht um einen Fall, der als Justizverfahren endet. Eine junge Frau, Elizabeth Holmes, gründete ein Startup namens Theranos. Die Geschäftsidee: Bluttests. Aber nicht irgendwelche herkömmlichen Bluttests wurden versprochen, sondern eine Revolution von Bluttests, neueste Technologie sollte mit wenigen Tropfen Blut klarkommen, um sensationelle Ergebnisse zu liefern. Worte wie Revolution, neueste Technologie und dann noch im lukrativen Gesundheitswesen – das lockte Investoren in Scharen. Die Bewertung unter den Geldgebern stieg binnen kürzester Zeit auf unglaubliche 9 Milliarden Dollar. Die Gier der Investoren wuchs und wuchs. Hier ging es um etwas Großes, um etwas Gigantisches, was Ehre und Reichtum versprach. Hier musste man investieren, so schien es.

Tja, gäbe es nicht die Kontrollinstanz freie Presse. So recherchierte das *Wall Street Journal*, wie die Technik des hochgelobten Startups funktionieren sollte. Und stellte dabei fest, dass die Technologie des auf 9 Milliarden Dollar bewerteten Startups überhaupt nicht funktionierte. Der Bluff flog auf. Der Fall galt 2018 als »der beispiellose Absturz eines Startup-Wunderkinds«, wie *t3n* am 5. September 2018 schrieb.

Die Chronologie eines angekündigten Startup-Betrugs: Elizabeth Holmes soll Angst vor Spritzen gehabt haben. So kam sie auf ihre Idee, einen Abnahmestift zu entwickeln, der anscheinend schmerzlos wenige Mikroliter Blut zapfen konnte, um daraus bis zu siebzig verschiedene Tests durchführen zu können. Holmes brach im Jahr 2003 ihr Chemiestudium ab und war bei Gründung ihres Startups 19 Jahre alt. Um an Investorengelder zu kommen, trug sie, kein Witz, einen schwarzen Rollkragenpulli im Stil von Steve Jobs. Ja, das wissen wir schon: So einfach kann Startup sein. Damit war das Vertrauen so groß, dass sie über eine Seed-Runde mit 20 Jahren für ihre Idee 500 000 Dollar erhielt. Ein halbes Jahr später, Anfang 2005, lag die Anschlussfinanzierung bei 5,8 Millionen Dollar, und der Wert ihres Startups lag bei mehr als 30 Millionen.

Noch war nur eine Idee da. Gegenüber dem *Wall Street Journal* berichtete sie im April 2005, der Stift sei fertig entwickelt. Nun sprudelten die Gelder nur so: 2006 kamen 9,9 Millionen Dollar dazu, später weitere 28,5 Millionen, und 45 Millionen gab im Jahr 2010 ein unbekannter Investor. Damit richtete die Gründerin 2011 ein märchenhaftes Labor im Silicon Valley ein und wollte den Stift in Filialen der amerikanischen Apothekenkette Walgreens verkaufen.

Die Investments stiegen in den Jahren 2014 und 2015 auf dreistellige Millionensummen. 200 Millionen hier, 348 Millionen da. Irgendwann sollten es 4,5 Milliarden US-Dollar sein. Holmes wurde parallel mit Preisen übersät, wurde die jüngste Selfmade-Milliardärin der Welt. Und das alles für eine Geschäftsidee, die auf einer Lüge aufgebaut war – Investoren stehen bekanntlich auf Märchen.

Im Oktober 2015 erkannte das *Wall Street Journal* dann, dass hier etwas faul war, und zweifelte an der Wirksamkeit des Stifts. Die Betriebserlaubnis wurde 2016 entzogen, die Labors geschlossen, Mitarbeiter entlassen, und Walgreens verklagte Theranos auf 140 Millionen Schadensersatz. Der Vorwurf: Das Startup habe gelogen, um an ein Investment zu kommen. Elizabeth Holmes, 34 Jahre jung, als der Fall 2018 vor Gericht landete, wurde in einer Anklage der Betrug von Investoren und Patienten vorgeworfen, wie die *SZ* schrieb: »Bei einer Verurteilung drohen ihr bis zu 20 Jahre Haft.«

Was hat Holmes daraus gelernt? Sie hat den Chefsessel geräumt, um anfangs Vorsitzende des Verwaltungsrats zu bleiben. Nach einer außergerichtlichen Einigung mit der amerikanischen Behördenaufsicht SEC musste sie eine Strafe von einer halben Million Dollar zahlen. Zehn Jahre lang darf sie kein börsennotiertes Unternehmen leiten. Ende 2018 wurden die Barreserven an die Investoren zurückgezahlt. Von den Milliarden-Summen sollen übrig geblieben sein: 5 Millionen Dollar.

Und was lernen wir daraus? So geht Startup. Nicht immer, aber viel zu oft. Kein etabliertes Unternehmen mit einer zuverlässig berechenbaren Geschäftsidee erhält von Investoren Millionen oder gar Milliarden. Wenn sich junge Menschen Startup nennen, eine Idee überzeugend kommunizieren können, egal, was dahintersteht, einen Rollkragenpulli überziehen, werden sie mit allem Gold der Welt zugeschüttet. Das ist gelebte Startup-Lüge.

Elfte Lüge:

Scheitern ist gut

Scheitern zulassen statt Scheitern zu lassen

»Die Kunst des Scheiterns«, »Scheitern als Chance«, »Warum dich Misserfolge zum Erfolg führen«, »3 Gründe, warum es gut ist zu scheitern«, »Das falsche Verhältnis zum Versagen« sind nur eine Handvoll von Beispielen, die sich diverse Medien und Portale wie *Zeit, Monster, keinStartup* und *Karrierebibel* einfallen ließen. Immer der gleiche Tenor, immer wieder und wieder wird es als so positiv dargestellt, wenn man scheitert. Gleich Sektierern predigen Medien wie Startups landauf, landab, dass Scheitern zugelassen werden müsse, nein, dass es geradezu notwendig sei. Es gehört zum guten Ton, gerade in der Startup-Szene, von der man immer so gerne lernt. Das Spiel mit dem Scheitern ist einfach zu durchschauen, dennoch klammern sich Geschäftsführer und Digitalaffine an das Postulat, dass man auch mal scheitern dürfe. Wie affig ist das denn?

Und was genau fasziniert alle so am Scheitern? 90 Prozent der Startups geben auf, selbst bei den besten Venture-Capitalists wird eine Misserfolgsquote von 30 bis 60 Prozent bei den Unternehmen eingeplant, in die investiert wird. Grundsätzlich ist es der absolut richtige Weg, nicht ausschließlich auf den großen Erfolg vom Jahr null an zu setzen. Viele Unternehmen lassen tatsächlich neuen Ideen und Innovationen nur dann Spielraum, wenn der Gewinn binnen weniger Monate eintritt – die Risikobereitschaft ist damit noch geringer als gering. Galten bis in die 1990er hinein Investitionsregeln, die in ihrem Businessplan eine schwarze Null nach zehn oder zwanzig Jahren hinterlegten, so wird heute der Gewinn meist binnen drei Jahren erwartet. Es geht mehr denn je um das schnelle Geld.

Eigentlich ist der Gedanke, mit einem neuen Vorstoß, einer neuen Geschäftsidee, einer waghalsigen Expedition auch mal Schiffbruch zu erleiden, legitim. Er sollte sogar Teil einer gesunden innovationsbereiten Firmenkultur sein. Doch das Scheitern zu zelebrieren, gerade als Startup, das scheint grotesk. Zumal Menschen hinter einem Startup stehen, deren Existenzen mit dem Scheitern schlagartig vernichtet werden.

Solange es sich beim Kapital allerdings nicht um das eigene hart erarbeitete Geld handelt, sondern nur um Spielgeld, solange die Las-Vegas-Mentalität die Hand über Investitionen hält, ist es wohl völlig egal, ob man versagt oder nicht. Geht es aber um privates Vermögen, sieht das mit dem Scheiternzulassen plötzlich ganz anders aus.

Nehmen wir als Beispiel Peter Jungblut, der als Startup begonnen und schnell eine der größten inhabergeführten deutschen Werbeagenturen aufgebaut hatte, mit bis zu 150 Mitarbeitern, und dann scheiterte. Es ist eine Geschichte eines ideenreichen Startups, eine Geschichte der Fehlentscheidungen, wie er selbst sagt. Und es ist eine Misserfolgsgeschichte, zu der Apple massiv beigetragen hat. Der Absturz brachte Peter Jungblut in die Klinik, seine Frau verließ ihn. Doch er ist aus dem Trümmerfeld wieder aufgestanden und hat aus seinem Desaster gelernt. Heute berät er Agenturen und Unternehmen, um sie vor dem Scheitern zu bewahren.

Was ihm passiert ist, bietet Stoff für einen Film: Nach einem kometenhaften Aufstieg als Pharmareferent, Produktmanager und Marketingleiter gründete Jungblut ein Startup. Krankenhäuser gehörten zu seinen Kunden, aber auch Pharmaunternehmen wie Roche, Sandoz oder Novartis. Mit dem Internet-Hype stieß Jungblut aber immer öfter an seine Grenzen, vor allem technisch.

Einmal verkaufte der Mann eine Idee an Novartis: Onkologen sollten sich auf einer Internetplattform ihre eigene Praxiszeitung zusammenklicken und per Print-on-Demand drucken und liefern lassen können. Das war zu einer Zeit, als die Idee noch höchst innovativ und technisch schwer umsetzbar war – und die Programmierkenntnisse der Agentur dafür nicht ausreichten.

Wie im Silicon Valley, wie bei anderen Startups auch, überschätzte sich an diesem Punkt Jungblut selbst. Ein Scheitern wurde nicht einkalkuliert, nicht eingeplant, obwohl es ja in der Startup-Szene so glorifiziert wird. Denn Grenzen sind dazu da, überwunden zu werden – ein Satz, wie er auf einem Motivationsposter in jede Startup-Butze passen würde. Das ist gelebtes Motto und grundsätzlich nicht verkehrt.

Keine 10 Kilometer entfernt von seinem Standort nördlich von Hannover fand Jungblut den Internetexperten Gawain MacMillan. Welche Softwarekenntnisse der hatte? Völlig egal, Hauptsache, er konnte mit Nullen und Einsen jonglieren. Was er auch schon unter Beweis gestellt hatte: Tatsächlich entwickelte er Software für das Deutsche Zentrum für Luft- und Raumfahrt. Dazu, freilich, brauchte man bestimmte Kompetenzen – und die setzte das Raumfahrtteam nun für die Onkologen ein.

Zunächst mit Erfolg. Das Projekt war gerettet, der Grundstein dafür gelegt, dass dieses Startup sogenannter »Preferred Supplier« bei Novartis wurde. Das war ein wesentlicher Faktor für die nun folgende Expansion der Firma. Zwischen Jungblut und MacMillan entwickelte sich eine enge Beziehung, fortan ging es »richtig ab«. Schnell entstanden fünf Agenturbereiche; von der Redaktion über Kreation bis hin zum Programmieren konnte alles angeboten werden. Das Startup wuchs nun so schnell, dass das Hauptgebäude des Bauernhofs in der Lüneburger Heide nicht mehr ausreichte. Ausgerechnet der Schweinestall musste für die Kreativen herhalten, nach einem Umbau. Drei neue Gebäude entstanden mit der Zeit, in modernem Stil im mittelalterlichen Ambiente des Helkenhofs, »die perfekte Symbiose zwischen Bauer und Business«, wie Jungblut es beschrieb. In Hannover entstand ein weiterer Standort, auch international flogen Aufträge rein. 150 Mitarbeiter gehörten 2010 zur Juwi MacMillan Group.

Der Hype hielt an: Novartis hatte großes Vertrauen, schließlich bestand die Agenturbeziehung seit Stunde null des Kunden. Die Pharmagiganten wollten ihre Vertriebsreferenten mit dem gerade neu erfundenen iPad von Apple ausstatten. All die Inhalte sollten dann zentral verteilt werden, konnten jederzeit aktualisiert werden. Auch der internationale Pharmariese AstraZeneca aus Hamburg ließ sich solch eine iPad-Plattform bauen. Was für ein Auftrag!

Die Wachstumsphase begann – ein Traum für jedes Startup. Ein Land nach dem anderen wurde mit dem iPad-System erobert, von Indien bis Neuseeland, von Skandinavien bis Taiwan. »Wir waren der Vorreiter in Deutschland«, sagt Jungblut heute, von hier aus ging die Energie in alle Welt, so schien es, »auch für den Content waren wir verantwortlich«.

Allerdings musste das Startup kräftig in die neue Technik und kompetente Mitarbeiter investieren. Eine Million Euro von Banken zu kriegen, war zu dem Zeitpunkt überhaupt kein Problem. Die Finanzinstitute erfüllten jegliche Geldwünsche, ohne diese groß zu hinterfragen. Alle waren im Blutrausch, Apple schien ein Garant für Zukunft zu sein, der Trend zu Tabletcomputern wirkte wie das Fundament der Gesellschaft von morgen, ein Pakt mit dem Teufel.

MacMillan ging trotz des enormen Tempos alles noch immer viel zu langsam – er hatte keine Angst vor dem Risiko. Er muss, so wirkt es, Dollarzeichen in den Augen gehabt haben. Obgleich Jungblut nie darauf käme, ein böses Wort über, wie er sagt, »den tollen Typ« zu verlieren, aber ihm selbst ging alles zu schnell. Er hatte das Gefühl, nicht mehr die Kraft für die Eroberung der Welt zu besitzen. Auch MacMillan war von den Anstrengungen, die das mehr als zehn Jahre anhaltende rasante Wachstum gefordert hatte, geschwächt, wollte aber den Glauben nicht aufgeben, noch zwei, drei Jahre volle Kraft voraus zu fahren. »Ein fataler Irrtum«, wie Jungblut heute weiß.

Noch immer gaben sich unzählige Banker die Klinke in die Hand. Mit der rasch wachsenden Struktur holten sich die beiden Chefs oft zu eilig die falschen Leute an Bord. Kulturen prallten aufeinander, es kam zu Verständigungsproblemen und immer mehr Sand im Getriebe. Gleichzeitig verlor die Gewinnung von Neukunden an Dynamik, die Schere zwischen den Prognosen in den Businessplänen und der Realität klaffte immer weiter auseinander. Der Druck stieg, die Anspannung wuchs, das ganze Konstrukt drohte zu platzen. Am Ende ging der Return-on-Investment nicht auf. »Wir haben viel Geld verbrannt«, resümiert Jungblut heute. Diese Situation zu verarbeiten war für ihn nicht leicht, er bekam 2011 Depressionen – die er erst einmal ignorierte.

Inzwischen besorgte sich die Agentur nicht mehr neue Kredite, um die Plattform weiterzuentwickeln, sondern um die entstehenden Liquiditätslücken zu überbrücken. Mitte 2013 weigerte sich Jungblut, weitere Kreditverträge zu unterschreiben, und drohte mit einem Alleingang zum Insolvenzgericht. Ein Sanierer wurde ins Haus geholt, der mit den besten Absichten kam, doch von der Komplexität der Softwareprojekte überfordert war. »Es kann nur einen geben«, forderte er, nur einen Geschäftsführer, mit dem er die Sanierung durchführen wollte. Jungblut war ein Depri, so die lapidare Wahrnehmung, MacMillan dagegen ein charismatischer Typ. »Wenn der sagt, die Wand ist grün, dann glaubt man das.« Auch das: symptomatisch für eine fatale Startup-Mentalität.

Ein renommierter Investor aus Palo Alto hat einmal an der dortigen Draper University gegenüber einem kleinen Kreis von Verlegern aus Deutschland verraten, dass sie nie auf die Idee kämen, in Startups nur deshalb zu investieren, weil deren Geschäftsidee nachvollziehbar sei und gut klinge. Wenn er investiere, sagte er, dann achte er nur auf eine einzige Sache: das Leuchten in den Augen derjenigen, die von ihrer Startup-Idee erzählen würden. »Wenn die Leute für etwas brennen können, dann ist es mir egal, ob sie damit scheitern. Denn dann brennen die danach für das nächste Projekt. In solche Leute investieren wir.«

Hier, bei unserem Beispiel aus Deutschland, leuchtete also so ein Typ. Er brannte für die Ideen und wollte nicht aufgeben. Weiterhin behauptete er, die Wand sei grün. Niemand wollte die Wahrheit sehen, er nicht, viele der Mitarbeiter nicht, die Investoren nicht. Doch das Ende war nicht mehr aufzuhalten, auf einmal ging alles ganz schnell.

Im September 2013 schrieb die *Walsroder Zeitung*: »Juwi MacMillan entlässt 42 Mitarbeiter.« Im Dezember meldete Jungblut Insolvenz an, nachdem die Agentur, der Beirat des Unternehmens und der Sanierer eingesehen hatten, dass sie möglicherweise von MacMillan an der Nase herumgeführt worden waren. Er wurde als Bösewicht identifiziert, Peter Jungblut sollte wieder ans Ruder. Und, kaum zu glauben, Jungblut wollte immer noch nicht aufgeben. Vor den zwanzig Bankern skizzierte er einen Weg aus der Krise, auf Grundlage einer realistischen, beinahe defensiven Planung. Dazu gehörte auch die Abschreibung einer Forderung in Höhe von 750 000 Euro an Katar, die noch in den Bilanzen stand – in etwa die Summe, welche die Agentur damals möglicherweise am Leben erhalten hätte. Die Banken nahmen sich eine Bedenkzeit. Die dauerte ziemlich exakt eine Stunde, eine einzige Stunde. Dann winkten die Banken ab.

Am Ende des Insolvenzverfahrens konnten im Jahr 2014 von den ehemals 150 Beschäftigten gerade einmal 30 übernommen werden – von Cornelia Englert, die 2008 von Peter Jungblut eingestellt worden war und mit der Firma in Hamburg unter dem Namen ayeQ-benu bis heute weitermacht. Natürlich waren es jede Menge Faktoren, die zum Scheitern führten. Es war etwa ein Engagement in Katar, die IT-Abteilung des staatlichen Gesundheitswesens aufzubauen – ein zunächst sehr lukratives Projekt, das aber mit einer unbezahlten Rechnung endete.

Den Todesstoß verdankt das Startup aber vor allem Apple. Genauer gesagt, einem großen Update von Apple, von der Betriebssystemversion iOS 6 auf iOS 7. Dieses kam im September 2013, also drei Monate vor der Insolvenz. Es war die Hölle: Weltweit hingen mehrere Tausend Außendienstmitarbeiter von zwanzig Pharmaunternehmen an der Plattform des Juwi-MacMillan-Startups. Wer der Aufforderung von Apple zum Aktualisieren, trotz ausdrücklicher Warnung seiner IT-Abteilung, folgte, hatte Pech – und schlagartig keinen Zugriff mehr auf seine Verkaufsunterlagen. Denn »letztendlich hatten wir inzwischen so viel Sand im Getriebe, dass es uns nicht gelungen ist, unsere Plattform rechtzeitig an iOS 7 anzupassen«. Weltweit war der Großteil der riesigen Vertriebsmannschaft handlungsunfähig. Die Konsequenz war, dass die massiv verärgerten Kunden Folgeaufträge auf Eis legten. Und das hieß: keine Aufträge, keine Einnahmen. Die Zahlungsunfähigkeit war nun nicht mehr zu verhindern. Zwar versuchte Jungblut noch rasch, frisches Geld zu besorgen, doch es war zu spät. Alles ging den Bach runter, das Startup war pleite. Neben der Firmeninsolvenz kam es zur privaten Insolvenz. Jungblut sah keine Perspektiven mehr, war am Ende. Jetzt endlich nahm er seine Depressionen ernst und begab sich in ärztliche Betreuung.

Jungblut hat aus seiner Misere gelernt, und er möchte, dass andere von ihm lernen. Wie er das Scheitern heute sieht, Jahre nach der Insolvenz? Durch seine Privatinsolvenz darf er noch immer keine eigene Kreditkarte haben. Er darf trotz seiner vielen Ideen, vielen Kontakte und seiner Kreativität keine Geschäftsführung übernehmen, keine neue Firma gründen. Er darf nicht einmal einen Handyvertrag unterzeichnen. Er fühlt sich oft genug ziemlich beschissen. Sorry, so fühlt es sich nun mal an, das Scheitern. Und Jungblut hat eines daraus gelernt: Scheitern ist scheiße!

In der Startup-Mentalität aber gilt: Nur wer scheitert, lernt. »Eine Einstellung, die in vielen Unternehmen noch nicht angekommen ist. Der Grund für einen Mangel an wirklichen Innovationen«, schrieb im Jahr 2012 der Dienst *business-wissen.de*. In diesem Artikel wird Jens-Uwe Meyer interviewt, der das Buch *Radikale Innovation. Das Handbuch für Marktrevolutionäre* geschrieben hat. Meyer fordert »mehr Mut zum Experimentieren« und »ein Scheitern, wenn es sich nicht vermeiden lässt, zu feiern statt zu bestrafen«.

Denken wir diesen Gedanken mal zu Ende. Angenommen, jedes Unternehmen würde jedes Experiment feiern, wenn es gescheitert wäre. Angenommen, jedes Startup würde scheitern, bevor es überhaupt in Gang kommt. Angenommen, bisher wäre jede unternehmerische Idee gescheitert. Dann würden wir vermutlich noch gleich Affen im Baum hocken – aber wir würden feiern. Wir wären feiernde Affen. Verstehe ich das richtig? Ihre Krawatte haben die Manager ja schon weitgehend abgeschnallt, ihre Sneakers schon beschlagen. Wenn sie jetzt auch noch damit anfangen, Scheitern zu zelebrieren, wird Deutschland seine bisher größte Party erleben. Vielleicht sollten wir nicht immer so spießig sein.

Zitieren wir noch einmal Meyer: »Wir schauen heute immer wieder erstaunt auf Unternehmen wie Google und fragen uns, wie die so einen Erfolg haben können […]. Als Google Wave, eines der großen teuren Entwicklungsprojekte, scheiterte, gab es eine Abschiedsparty.« Feiernde Affen? Meyer betrachtet das viel cooler, sieht das nicht so verklemmt. »Der indische Tata-Konzern zeichnet sogar gescheiterte Innovationen aus – als Belohnung dafür, dass die Mitarbeiter versucht haben weiterzudenken.« Tja, da schaut man ganz schön blöd, wenn man bei Daimler oder Bosch schafft (so heißt es im Schwäbischen) und für sein Scheitern einfach nicht belohnt wird. Das ist doch ziemlich unfair: Wären dieselben Mitarbeiter bei Tata gescheitert, wären sie belohnt worden, bei Google hätten sie eine Party bekommen. Das Leben kann so ungerecht sein.

Beim Studieren gehe es schon los, meint Meyer. Auch bei seinem MBA-Studium soll 90 Prozent aus Prozessen bestanden haben, die meist dazu dienten, Dinge besser zu organisieren und Fehler zu vermeiden, gibt Meyer zu. »Diese Kultur der Fehlervermeidung eignet sich in vielen Bereichen sehr gut, nur eben nicht im Bereich von wirklich Neuem. Dort gehören Fehler zum Lernprozess dazu.« Ganz unrecht hat er ja nicht. Eine Fehlerkultur wird oft nicht zugelassen. Ein Innovationsraum mit entsprechendem Gedeihpotenzial kann jedoch nur entstehen, wenn nicht alles, was nicht funktioniert, verteufelt wird. Wenn Mut belohnt wird, wenn vielleicht aus einer halbguten Idee eine gute entsteht. Aber einfach dieses Scheitern bedingungslos zu feiern, nun ja, das führt ja am Ende zu einem Scheiterhaufen. Und der wird seit jeher verbrannt.

Wie sieht das eigentlich jemand, der all die Menschen aufsammelt, die mal gescheitert sind und sich echt mies fühlen: Der Vorstand der Deutschen Gesellschaft für Psychiatrie und Psychotherapie, Psychosomatik und Nervenheilkunde Professor Peter Falkai ist der Meinung, dass es wahnsinnig anstrengend sei, alles immer positiv umzudrehen, also zum Beispiel Scheitern für etwas Gutes zu halten. Er sagt, man könne es auch einfach mal akzeptieren: »Echtheit hat einen hohen Wert«, gehe es einem schlecht, weil man eine Aufgabe versemmelt habe, könne man das zulassen. Die *Bergedorfer Zeitung* publizierte diese Meinung am 23. September 2017.

Das Scheitern unter allen Umständen zwanghaft zuzulassen, erinnert an Monty Pythons *Ritter der Kokosnuss*, als der Ritter mit abgeschlagenen Beinen und Armen sagte. »Also gut, einigen wir uns auf Unentschieden.«

Aus Startup wird Fuckup

Ach ja, das liebe Scheitern, wie es manchmal zelebriert wird. Man kennt das Kokettieren mit dem eigenen Misserfolg ja von manch einem Prominenten, der mit seinem miesen Abitur angibt: Weil alle Lehrer versagt hätten und niemand das Talent des drittklassigen Schauspielers oder Startup-Gründers entdeckt haben will. Kann man so sehen, ist aber eine traurige Selbsterkenntnis.

Die *Welt* titelte am 21. Mai 2015 das Thema Scheitern als Chance mit den Worten: »Wieso Versager plötzlich total sexy sind.« Dabei beschrieb das Springer-Blatt ein Phänomen, das immer mehr Mode wird, auch in Deutschland: ein Treffen der Gescheiterten, bei dem jeder Loser damit angeben kann, wie viele Tausende von Euro er versemmelt hat. Genannt wird diese Art Event »FuckUp Night«.

Auf der Bühne berichten Typen, wie sie erfolgreich Pleitier wurden. An der Bar setzen sie noch eines drauf: Der eine berichtet, wie er neulich drei Millionen Euro Umsatz gemacht habe, wie es zu einer absurden Aktionärsversammlung gekommen sei, zu unkontrollierten Kostensteigerungen, zu einem Ultimatum per Mail und wie plötzlich der Schlüssel nicht mehr ins Schloss gepasst habe. Das Publikum johlt bei dieser Story, berichtete die *Welt*. Das sind die Geschichten, die man hier hören will, bei dieser FuckUp Night in Berlin-Kreuzberg, wo Pissoirs zu Blumenkübeln umfunktioniert wurden und auf einer Leinwand Internetvideos von Menschen, die im Matsch landen, gezeigt werden, von Menschen, die von einem Fisch gebissen werden oder, wie die *Welt* schrieb, sich auf andere Weise wehtun. Das Publikum trinke Flaschenbier und sei bester Stimmung.

FuckUp Nights sind Verbrüderungen von Verlierern. Alle sind gut drauf, fröhlich, tun so, als seien sie Sieger. Triumphierend wird jede Niederlage zelebriert. Es scheint geradezu einen Wettbewerb um die größte Pleite zu geben. Wenn einer von seinem Startup erzählt, das 50 000 Euro in den Sand gesetzt hat, ist das noch gar nichts. Es soll um Hunderttausende von Euro gehen, am besten um Millionendeals, die gescheitert sind.

Natürlich werden auf den FuckUp Nights stets prominente Multimillionäre genannt, die es am Ende doch geschafft haben – die aber zunächst einmal gescheitert waren. Und das ist es, was die Loser mit den reichen Startup-Gewinnlern eint: Sie starteten mit dem Scheitern. Als wäre das Scheitern der erste Schritt in Richtung Erfolg. Als Beweis werden immer wieder die altbekannten Namen ehemaliger Scheiterbürger genannt, die Samwer-Brüder etwa, der Xing-Gründer Lars Hinrichs oder der Paypal-Chef Max Levchin, wie die *Welt* schilderte. Dass das Scheitern in Deutschland mit einem Schufa-Eintrag belohnt wird und damit weiteres Handeln massiv einschränkt, etwa den Besitz einer Kreditkarte, eines Handys oder gar das Übernehmen einer Geschäftsführung, wird in den FuckUp-Nächten nicht diskutiert.

Das ist aber auch kein Thema für die Generation Sch wie Scheitern. Schufa-Eintrag ist alte Denke, voll 1950er-Jahre, Nachkriegsgehabe. Denn Startups erhalten ihre Gelder schon irgendwoher. Nicht unbedingt, wenn die Idee gut ist, sondern, wenn sie ihre Idee gut verkaufen können. »Dass jemand schon einmal Geld verloren hat, ist für mich kein Grund, ihm keines mehr zu geben«, zitierte die *Welt* den Hamburger Investor Sven Schmidt, der sich auf Internet-Startups spezialisiert hat.

Das Gute an diesen FuckUp Nights ist, dass man aus den Fehlern tatsächlich etwas lernen kann, wenn man nur richtig zuhört und die Bierflasche mal auf die Seite stellt. Denn tatsächlich scheitern einige Startup-Gründer schlicht daran, dass sie in Verträgen das Kleingedruckte gar nicht erst gelesen haben. Andere haben irgendwann bemerkt, dass sie bei der grauenvollen Finanzplanung, so es sie überhaupt gibt, versagt haben.

Das Scheitern hängt wohl ziemlich oft mit einer gewissen Arroganz, Selbstüberschätzung und Fehlkalkulation zusammen. Interessant ist, dass Frauen weniger oft versagen als ihre männlichen Kollegen. Schade, dass der Anteil von Gründerinnen in deutschen Startups lediglich bei 15,1 Prozent liegt. Wie vernünftig Frauen ticken, zeigt sich auch darin: Ihr Anteil liegt unter den Gründern als Selbstständige in Deutschland bei 40 Prozent, das sind also nicht die Startup-Gründerinnen. Man könnte daraus schließen, dass Frauen sinnvoller gründen – nämlich dann, wenn das Geschäftsmodell durchdacht und aussichtsreich ist.

Die Mexikanerin Leticia Gasca etwa hat etwas Aussichtsreiches geschaffen. Sie gilt als Mitgründerin der FuckUp Nights.

Während ihres Studiums hat sie ein Social Startup gegründet, das fehlschlug. Sie dachte, es sei »leicht, so ein Business zu gründen. Naiv, sehr naiv«, wie sie heute sagt. Als sie im Jahr 2012 in Mexico City von der Pleite ihres Startups berichtet haben will, sollen daraus die FuckUp Nights entstanden sein, die inzwischen eine globale Bewegung sind. In mehr als 80 Ländern, knapp 300 Städten, wurden bis Ende 2018 rund 1600 Scheiter-Geschichten erzählt, vor rund 200 000 Teilnehmern. Besser noch: Leti, wie sich Leticia Gasca am liebsten nennt, hat nach ihrem Desaster das Failure Institute gegründet, die nach eigenen Angaben größte Quelle von Fallstudien über Geschäftsmisserfolge.

Klar: FuckUp Nights kosten Eintritt, meist so um die 10 Euro. Also gibt es auch hier wieder einen Gewinner unter so vielen Verlierern. Während zu den ersten FuckUp Nights, etwa in Berlin oder Frankfurt, nur so um die vierzig Besucher kamen, sind es in New York schon mal weit mehr als tausend Gäste, die sich das Scheitern zu Gemüte führen.

Am Ende stellt sich doch aber die Frage, ob Gescheiterte auch die Gescheiteren sind. Ob sie am Ende die mutigeren und damit besseren Unternehmer sind? Diejenigen, die Vorbild für alle altmodisch anmutenden Firmen sind? Startup-Treiber eben, an denen sich die unternehmerische Menschheit orientieren kann? Das Mannheimer Zentrum für Europäische Wirtschaftsforschung hat dies untersucht. Demnach erlitten gescheiterte Gründer überdurchschnittlich häufig auch mit weiteren Geschäftsideen Schiffbruch. »70 Prozent der Neugründungen von zuvor ökonomisch gescheiterten Re-Startern überleben die ersten fünf Jahre nicht«, berichtete Jürgen Egeln von den Wirtschaftsforschern in der *Welt*.

Wer daran zweifelt, dass das Scheitern etwas Schlechtes ist, etwas, das einen Menschen zerstören kann, sollte sich mal in den »Gesprächskreis Anonymer Insolvenzler« setzen. Dort lässt sich hautnah erleben, wie Familienunternehmer und Startup-Gründer unter Tränen vor dem Scherbenhaufen sitzen und in der Realität angekommen sind.

Zahlen, bitte!

Wieso will denn alle Welt Startup sein, obwohl so viele scheitern? Natürlich bringen Startups relevante Entwicklungen in die Gesellschaft. Nicht gerade selten sind sie sogar ein wichtiger Motor der Zukunft. Das freie Denken in den meisten Startups ist wichtig, das Gefühl der Unabhängigkeit unbezahlbar.

Apropos bezahlbar. Schauen wir uns mal die Zahlen an, die Statistiken, um einen genaueren Eindruck von den Startups zu erhalten, aus dem Blick einer Volkswirtschaft. Denn: Sind Startups wirklich Seifenblasen? Sind sie wirklich mehr Scheitern als Erfolg?

Blicken wir ein paar Jahre zurück: Im Jahr 2010 haben sich in Deutschland fast eine Millionen Menschen in die Selbstständigkeit gewagt, exakt 936 000 Personen. Das Statistische Bundesamt vermeldete 719 653 neu gegründete Unternehmen. Parallel registrierte die Statistikbehörde fast genauso viele Abmeldungen, nämlich 713 812 Abmeldungen von Gewerben, davon 569 015 komplette Geschäftsaufgaben. Damals wurde ein Drittel aller Projekte schon drei Jahre nach dem Gründungszeitpunkt beendet.

Seither schnellt die Zahl der Selbstständigen in freien Berufen in Deutschland nach oben. Nach offiziellen Zahlen, die das Portal *Statista.com* publiziert, sollen es im Jahr 2017 fast 1,4 Millionen gewesen sein, womit sich die Anzahl in den vergangenen fünfzehn Jahren ungefähr verdoppelt hat. Hierzu zählen allerdings sämtliche Berufsgruppen, also auch Ärzte und Juristen.

Besonders schnell wird bei Startups der Schlussstrich gezogen, oft schon, bevor sie überhaupt ein Startup sind. Praktisch jede Quelle, die irgendwo zu finden ist, geht von diesen magischen 90 Prozent aller Startups aus, die scheitern. Die vielleicht zuverlässigste Quelle ist hierbei das renommierte US-Gründerzentrum Y Combinator, das einige Hundert Startups untersuchte, wie das Portal *Gründerpilot* berichtete. Demnach wird nicht nur eines von zehn Startups richtig erfolgreich, sondern es scheitern auch mehr als 80 Prozent aller Startups innerhalb von drei Jahren. Anderen Quellen zufolge können es sogar mehr als 90 Prozent sein.

Als Gründe für das frühe Aus von Startups nannte die Industrie- und Handelskammer (IHK) kaufmännische Defizite für mehr als jedes zweite Jungunternehmen, »zu wenig Gedanken über das Alleinstellungsmerkmal der Geschäftsidee« (52 Prozent), eine »unklare Vorstellung zur Kundenzielgruppe« (45 Prozent). Aber auch bei den finanziellen Einschätzungen vermeldete die IHK-Untersuchung nach mehr als 60 000 Gründungsberatungen Defizite: 44 Prozent hätten eine zu geringe Startinvestition geschätzt, 42 Prozent die weitere Finanzierung nicht gründlich durchdacht, 40 Prozent eine unrealistische Umsatzschätzung. Ganz brutal wird es bei zwei weiteren Punkten: Mehr als jedes dritte Startup kann seine Produktidee nur unklar beschreiben. Und fast ebenso wenige Gründer können ausreichende Fach- oder Branchenkenntnisse aufweisen. Was für ein Drama!

Eine weitere Studie vom Zentrum für Europäische Wirtschaftsforschung (ZEW), die gemeinsam mit dem Zentrum für Insolvenz und Sanierung an der Universität Mannheim (ZIS) und der Creditreform im Auftrag des Wirtschaftsministeriums 2010 durchgeführt wurde, beschäftigte sich mit den »Ursachen für das Scheitern junger Unternehmen in den ersten fünf Jahren ihres Bestehens«. Demnach scheitern besonders oft junge Unternehmen, weil sich die Geschäftsidee als nicht zukunftstauglich erweise. Die Erwartungen der Jungunternehmer würden enttäuscht, die unternehmerische Kompetenz der Gründer lasse zu wünschen übrig, »sodass sie den Herausforderungen einer Unternehmensleitung nicht gewachsen sind«. Zudem würden sich die Möglichkeiten der Finanzierung des Unternehmensprojekts als nicht hinreichend erweisen, und, was in keinem Businessplan vorkommt, es gäbe unvorhergesehene Ereignisse, die nicht bewältigt werden könnten. Mehr als dreitausend Personen hat das Wirtschaftsministerium hier befragen lassen – bei jährlich rund 75 000 jungen Unternehmen, die binnen der ersten fünf Jahre scheitern, eine aussagekräftige Größe. Die Fakten in Kurzform: Sechs Mitarbeiter beschäftigten insolvente Jungunternehmen im Schnitt, und durch das frühe Aus würden jährlich bis zu 55 000 Arbeitsplätze vernichtet. Wobei man wissen muss, dass nur 15 Prozent aller Startups und jungen Unternehmen mit ihrer Schließung einen Insolvenzantrag stellen.

Zu den Ursachen, die diese Studie eruiert hat, zählen neben familiären Gründen, Überlastung, Gesundheitsdefiziten und Stress auch, völlig überraschend, zu schnell wachsende Unternehmen. Dann verliere es oft in den Anfangsjahren die dringend benötigte Flexibilität, so die Studie weiter. Diese sei aber besonders wichtig, damit es sich am Markt »lernend« etablieren könne. Eine weitere Überraschung: 70 Prozent der Jungunternehmen schafften es, die Gewinnschwelle zu überschreiten, davon gäben drei von vier Gründern trotzdem aus persönlichen Gründen auf. Das zeigt, wie gering das Potenzial des Geschäftsmodells gesehen wird – im Vergleich zum persönlichen Einsatz. Häufigster Grund für diese freiwilligen Schließungen: enttäuschte Einkommenserwartungen. »Dadurch wird auch verdeutlicht, dass eine Selbstständigkeit gerade zu Beginn hohe Anforderungen und Entbehrungen an den Unternehmer selbst und an sein soziales Umfeld stellt, denen sich wohl doch etliche nicht gewachsen fühlen.«

Eine weitere Komponente: Ein Viertel der freiwilligen Marktaustritte komm daher, dass die persönliche Haftung als zu groß empfunden werde. Weitere 20 Prozent seien nicht bereit, das Gesamtrisiko der Unternehmensführung zu verantworten. Heißt: Gründer seien sich anfangs nicht vollständig der großen, auch privaten Risiken bewusst, so die Studie.

Es gibt aber auch positive Signale aus dem Werk: »Mit steigender Anzahl der Jahre der Berufserfahrung in der Branche, die das Hauptgeschäftsfeld des gegründeten Unternehmens darstellt, sinkt die Wahrscheinlichkeit für einen Marktaustritt.« Der Haken für Startups ist, dass deren Gründer oft ohne entsprechende Branchen- oder Berufserfahrung ihren Schritt wagen. Ins Auge stächen, so die Studie dazu, immer wieder gänzlich unprofessionelles Spontanverhalten und ein eklatanter Mangel an wirtschaftlicher Lebenserfahrung.

Weitere Ursachen für das Scheitern: Unterkapitalisierung zu Beginn der Geschäftstätigkeit, Fehler bei strategischen Entscheidungen, Fehlinvestitionen, eine zu riskante Wachstumsstrategie, die Kalkulation von nicht kostendeckenden Preisen, unzureichende Kenntnisse des Controlling, mangelhaftes Wissen über Marketing, zu geringe technische Fähigkeiten, zu geringe inhaltliche Voraussetzungen und so weiter und so fort.

Neben den selbst zu verantwortenden Faktoren kommen externe Ursachen hinzu. Bei mehr als 50 Prozent der Startups und Jungunternehmen sind es Forderungsausfälle, die zum Aus führen. Steigende Kosten für gewisse Rohstoffe oder Energie werden oft nicht einkalkuliert. Der hohe Wettbewerbsdruck wird verkannt, mehr als ein Drittel scheitert an der Personalsuche.

Ein Punkt, der so oft nicht gesehen wird: Für mehr als jedes dritte Startup sei das Scheitern vorprogrammiert, weil sich die Chefs uneinig seien. Gerade wo Startups so auf Teamführung aus seien, hake es an der Entscheidung für den richtigen Kurs – Gruppenentscheidungen führten nun mal meist zu berechenbaren Mainstreamkursen. Erfolgreich aber seien eher die mit dem Kopf- und Bauchgefühl, die mutige, gleichsam gangbare Wege wagten.

Der Daten-Dienst *CB Insights* veröffentlichte im Jahr 2016 eine weitere Analyse über das Scheitern von Startups. Demnach sei im Durchschnitt zwanzig Monate nach der letzten Finanzierungsrunde Schluss. Der Mittelwert der in die gescheiterten Firmen investierten Gelder liege bei 1,3 Millionen Dollar, so *Gründerpilot*. Eine zentrale Rolle sollen laut dieser Studie auch Probleme im Team spielen. »70 Prozent aller Startups, die scheitern, scheitern an einem Problem mit dem Team«, sagte Christoph Räthke, Leiter der Berlin Startup Academy auf *Gründerpilot*.

Weitere Probleme von Startups seien demnach: Die Geschäftsidee komme zum falschen Zeitpunkt. Es gebe keine Zielgruppen der Geschäftsidee. Der Preis für die Geschäftsidee sei falsch kalkuliert – zu teuer oder auch zu billig. Marketing werde nicht oder nur mangelhaft eingeplant. Eine Nachfrage gebe es oft nicht. Im Team komme es zu Problemen. Und an allen Ecken fehle Geld.

Man sieht: Die Studien ähneln sich. Die Gründe für das Scheitern liegen oft auf der Hand. Und trotzdem wollen Startups Vorbild für die Wirtschaft sein? Vorbild für wen oder was denn?

Vorbild der Startups ist Berlin – wo Startup gelebt wird. Dass Siemens 600 Millionen Euro in eine Art Startup-Stadt in Berlin investieren will, wurde schon erwähnt. Nicht aber, dass Berlin als Hauptstadt des Scheiterns gilt. Keine andere Stadt zählt mehr Insolvenzen, schrieb der *Tagesspiegel* am 21. August 2018. Die Quote der Insolvenzen lag 2017 bei 93 von 10 000 Unternehmen und damit fast eineinhalb Mal so hoch wie im Bundesdurchschnitt, zitierte der *Tagesspiegel* das Statistikamt Berlin-Brandenburg. Die Zahl der Insolvenzanträge erhöhte sich in Berlin allein im ersten Quartal 2017 um 15,2 Prozent gegenüber dem Vorjahr, die Gesamtforderungen aller Gläubiger stiegen um knapp 50 Prozent auf 205 Milliarden Euro. Berlin trägt also zu Recht den Titel »Hauptstadt der Pleiten«.

Hinter jeder Pleite stecken Menschen. Und Menschen, die ihr Startup an die Wand gefahren haben, geht es nicht gut. Scheitern macht nicht wirklich Spaß. Gescheiterten Jungunternehmern billigen Finanziers mindere Erfolgschancen zu, ermittelte die Studie des Wirtschaftsministeriums. Zudem haben zwei Drittel der jungen Unternehmer, die einen Insolvenzantrag gestellt haben, zusätzliche finanzielle Probleme. Rund 20 Prozent der Gescheiterten haben dann sogar Probleme damit, eine abhängige Beschäftigung zu finden – auch wenn der überwiegende Teil ehemaliger Unternehmer genau darin Zuflucht sucht, bestätigte die Studie des Wirtschaftsministeriums.

Zwölfte Lüge:

Startups sind immer ein gutes Investment

Von Tulpen lernen

Die wundersame Geldvermehrung durch Startups erzielte erstaunliche Höhenflüge, als die Szene auf die Idee kam, Dollar und Euro zu umgehen, um mit einer eigenen Währung durchzustarten – mit der sogenannten Kryptowährung. Diese kann als ein überhebliches »Dannmachichmirmeinewährungebenselber« interpretiert werden, da es schlicht wie eine Abgrenzung wirkt, wie eine Abkehr von der bisherigen Geschäftswelt. Zugleich spiegelt Bitcoin die Gier wider, die ungebremste, den Goldrausch, die Haltung, dass es nicht um Inhalte oder um die Sache geht, sondern um die Mehrung grenzenlosen Reichtums, koste er, was er wolle.

Seit seiner Erfindung im Jahr 2008, damals unter dem Pseudonym Satoshi Nakamoto gestartet, schlummerte das waghalsige Nichts, bis der Wert der sogenannten digitalen Münze Ende 2013 erstmals die Schwelle von 1000 Dollar durchbrach. Doch der Kurs des virtuellen Geldes brach daraufhin ein, bis im Jahr 2017 die Währung durch den Himmel schoss, erst wieder auf über 1000 Dollar je Bitcoin, dann bis zum Jahresende auf rund 11 000 Dollar.

Ausnahmsweise findet sich auf *Wikipedia* eine aussagekräftige Tabelle zur Entwicklung dieser Nichtwährung: Fast fünf Jahre dauerte es, bis ein Bitcoin 1000 Dollar wert war, und weit mehr als drei Jahre, bis es auf 2000 Dollar kam. Ab Ende November 2017 gab es oft täglich Steigerungen von 1000 Dollar – manchmal, wie am 7. Dezember, sogar von mehreren Tausend Dollar pro Tag. Zum Börsengang an der CBOE im Dezember 2017 erreichte der Bitcoin-Kurs um die 16 000 Dollar – an einem beaufsichtigten Handelsplatz. Wenige Tage später waren es kurzfristig 20 000 Dollar, bis der Kurs als große Bescherung am letzten Werktag vor Heiligabend auf gut 11 000 Dollar herabstürzte. Seit Mitte 2018 hat sich die Währung bei 5000 bis 6000 Dollar relativ beruhigt.

Was Startups damit zu tun haben? Ganz einfach: Durch den Hype um die künstliche Währung Bitcoin tummeln sich immer mehr Gründer auf diesem Gebiet, die irgendwelche Tools oder Services dazu anbieten. All4btc zum Beispiel will das Zahlen bei Amazon oder Ebay mit Bitcoin ermöglichen und nimmt eine Provision von 5 Prozent. Oder der Unternehmensfinanzierer Bitbond, der Darlehen aus Bitcoins anbieten möchte. Bezeichnenderweise nennt sich Bitbond auch »the #unbank«. Neben unzähligen Bankvarianten, die als Startup hier auftauchen, wagt Ripple Labs, den internationalen Geldfluss zu beschleunigen. Da etablierte Bankhäuser genau daran oft kläglich scheitern, könnte hier eine Chance liegen.

Dabei kommen ganz gewöhnliche Bürger nicht wirklich an diese neue Währung ran, schon gar nicht über ihre Hausbank oder Kreissparkasse. Bitcoin gleicht einem Spiel für Investoren wie *Monopoly*. Wer als Privatmensch eine Pizza mit Bitcoins zahlen möchte, was bei einigen Anbietern grundsätzlich sogar geht, zahlte beispielsweise im Dezember 2017 rund 8,70 Dollar Cash oder aber 34,12 Dollar mit der Wahnsinnswährung Bitcoin. Kann man machen. Wer Bitcoins nutzt, ist jung, zwischen 25 und 44 Jahre alt, ein technischer Nerd und liebt es zu spekulieren. Um das blanke Bezahlen geht es nicht unbedingt. Wichtigstes Motiv der Nutzer sei die Freude daran, mit einem innovativen System zu experimentieren, stellte jedenfalls eine Studie der Universität Münster fest.

Was Bitcoin so genau ist, kann kein Mensch vernünftig erklären. Es ist eine Ansammlung von Nullen und Einsen, die dezentral in einem Netz aus Rechnern existiert – und damit quasi nicht existiert. Alle Transaktionen werden in der sogenannten Blockchain aufgezeichnet, das sich mit einem virtuellen Kassenbuch vergleichen lässt, in dem alle Ein- und Ausgänge von Zahlungen dokumentiert werden. Auch wenn die dezentral organisierte Blockchain in einigen Bereichen Zukunft haben wird, womöglich auch im Bankenwesen, geht es den meisten Bitcoin-Fans nur um eines: um die eigene Gewinnmaximierung, um das schnelle Abkassieren.

Wie so oft bei diesen potenziellen Finanzblasen will das gemeine Volk irgendwann auch vom Gewinn profitieren, steckt sauer Erspartes in Dinge wie Bitcoin, von denen sie keine Ahnung haben, um dann bei einem Crash wieder alles zu verlieren. Denn wie meist in der Geschichte des Mammons zahlen die Zeche die normalen Bürger. Aber was hat das Ganze mit Tulpen zu tun?

Im 17. Jahrhundert waren es niederländische Bürger, die wie wild Tulpenzwiebeln kauften. Es war wie ein Wahn. Es herrschte Goldgräberstimmung, es war in etwa so, als wären Bitcoins erfunden worden. Denn Tulpenzwiebeln galten als das Versprechen der Zukunft, als Garant für wachsenden Reichtum. Sie waren das Spekulationsobjekt schlechthin. Viele Menschen waren damit erfolgreich. Binnen kürzester Zeit mehrten etliche Investoren ihre Gewinne und erzählten begeistert davon – ähnlich, wie es heute mit den Bitcoins ist. Der Markt explodierte so stark, dass Tulpen schnell so viel kosteten wie ein Haus. Tja, und dann brach der Markt zusammen, und die Zwiebeln sorgten für jede Menge Tränen.

Bis heute gilt dieser Tulpenterror als bekannteste Spekulationsblase der Wirtschaftsgeschichte. Jeder studierte Volks- oder Betriebswirtschaftler sollte davon wissen und daraus seine Lehren ziehen. Doch das tut niemand. Arrogant wird diese alte Tulpenhysterie belächelt, während man selbst Bitcoins über unseriöse

Dienstleister ordert. »Bitcoin ist die Tulpenzwiebel der Finanzmärkte im 21. Jahrhundert«, sagte Ulrich Kater als Chefvolkswirt der Deka-Bank in der *Süddeutschen Zeitung* am 28. November 2017. Aber es gibt Hoffnung: Die virtuellen Münzen sind, rein rechnerisch, nicht unbegrenzt vermehrbar. Das heißt: Bei knapp 21 Millionen Bitcoins ist Schluss. Allerdings: Künstliche Verknappung weckt stets auch Begehrlichkeiten.

Laut der Nachrichtensendung *Heute* erklärte an der Wall Street kurz nach dem Börsengang der Geschäftsführer der Bank JP-Morgan Chase Jamie Dimon, der Bitcoin sei Betrug. Ob das so ist, lässt sich als Normalmensch schwer beurteilen. Schließlich prahlen viele Bitcoin-Nutzer von ihren Erfahrungen, wie sie auf unterschiedlichsten Kryptobörsen weltweit gehandelt hätten, wie sie mit Bitcoin-Kreditkarten bezahlt und entsprechende Zahlungen entgegengenommen hätten, wie sie an Bitcoin-Geldautomaten in Asien Bargeld abgehoben hätten. Hinter fast jeder dieser Anwendungen stecken wiederum Startups.

Doch wo die Gier ist, wird immer wieder ein neuer Weg frei, so auch bei den sogenannten Kryptowährungen. Apropos: Müsste man nicht schon wegen des Begriffs »Krypto« stutzig werden? Egal. Jedenfalls richten Finanzexperten längst ihren Fokus auf alternative Kryptowährungen, etwa Ethereum, Ripple oder Litecoin. Was für Namen, eine Mischung aus gefühlten Arzneimitteln, schwäbischer Mahlzeit und Spielgeld. Nun ja, so fern der Realität liegt das ja nicht.

Fern jeglicher Realität dagegen bewegt sich das Spiel *Second Life*, das seinen Höhepunkt 2014 mit 36 Millionen Bewohnern erreicht hatte. Auch hier gibt es eine virtuelle Währung, den L$, den Linden-Dollar. Selbst in diesem Spiel lässt sich die virtuelle Währung in reale US-Dollar transferieren. Trotz allem ist *Second Life* bloß ein Spiel.

Bitcoin hingegen ist zum Großteil pure Gier – auch wenn die Technik Grundlage für faire Geschäfte sein könnte. Doch ist diese Bitcoin-Euphorie kein Spiel, sondern möglicherweise der größte

Selbstbetrug des Jahrhunderts. Oder, wenn man ehrlich ist, der vielleicht größte Betrug der Neuzeit. Denn das Geld per se geht ja nicht verloren, es landet nur wieder in wenigen Geldbeuteln.

Der Hype um die Bitcoins treibt nämlich äußerst sonderbare Blüten. Zunächst einmal kennt bald jeder Manager jemanden, der aus einer Handvoll Bitcoins zu einem Millionenbetrag gekommen ist. Die Geschichten gleichen denen, die sich vor Hunderten von Jahren schon die Goldgräber erzählt haben.

Ein Beispiel, wie aus Eistee Gold gewonnen werden konnte: In New York gibt es das Unternehmen mit dem Namen Long Island Iced Tea. Das allerdings klingt nicht so sehr nach Zukunft wie »Long Blockchain« – und genau so nannte die Firma ihren Eistee aufgrund des Bitcoin-Hypes, um auf der Euphoriewelle mitzuschwimmen. Als Teeanbieter – wie ein Startup im Digitalbusiness. Was für eine verrückte Idee, möchte man glauben, doch allein der Glaube fehlt, wenn man sich die Ergebnisse dieser Namensänderung ansieht: Nach der offiziellen Ankündigung an der Wall Street legte die Aktie des Eisteeproduzenten laut *Süddeutscher Zeitung* vom 23. Dezember 2017 in der Spitze um mehr als 280 Prozent zu. Die Spitze des Eistees eben.

Zugegeben, es war nicht nur der neue Name, sondern auch die kommunizierte Vision, dass die Company in Unternehmen investieren wolle, welche die Blockchain weiterentwickeln – während es selbst genüsslich Eistee abfüllt. Mehr Substanz gab es laut den offiziellen Berichten, die auch der Börse vorliegen, anscheinend nicht: keine konkrete Investition, gar nichts, nur den Wunsch, in Blockchain-Firmen zu investieren. Und schon fließt Gold statt Eistee aus den Maschinen – Verdreifachung des Unternehmenswerts. Gut von der Startup-Denke gelernt!

Aber der Eistee »Long Blockchain«, also das Zahlungsmittel als Genussmittel, ist nicht die einzige Company, die durch den Bitcoin-Wahn infiziert wurde. Auch Produzenten von Säften, Sport-BHs und Sofas sollen laut *SZ* auf ähnliche Ideen gekommen sein. Und wurden ebenso mit Erfolg gekrönt.

Komisch, dass es die Brauerei Bitburger versäumt hat, auf diesen Zug aufzuspringen. Die Firma hätte noch nicht einmal ihren Namen ändern müssen – und deren Getränk hat auch noch die Farbe Gold. Bitte ein Bitcoin. Ach ja, als ein Möbelhändler in den USA kommunizierte, dass er auch Bitcoins als Zahlungsmittel akzeptieren würde, stieg dessen Aktie um 38 Prozent. Wie verrückt ist das denn?

Am Ende sind es alles Versprechen, die an der Börse geglaubt werden wollen. Am Ende ist es auch hier wieder die große Gier. Am Ende verschließen Aktionäre die Augen und wollen eine schöne neue Welt sehen. Am Ende werden sich irgendwann ihre Augen öffnen – und sie werden ihre alte Welt sehen, nur noch ärmlicher als zuvor.

Wenn Gier regiert

Zugegeben: Ein Eistee-Fabrikant, der sein Produkt nach den Regeln der Startups verkauft, also die Gier der Manager bedient, hat es drauf. Denn wie so oft geht es nicht um das Produkt, sondern um die Geschichte drumherum – und damit um das Geschichtenerzählen, Storytelling genannt. Startups sind oft erzählte Geschichten, Fantasien, Traumgebilde, die eine gewisse Vorstellung von Macht und Reichtum auslösen.

Diese Gier ist an sich nicht neu. Immer wieder kommt sie zum Vorschein, bei der Finanzkrise nach der Immobilienblase 2008 etwa oder im Vorfeld der Dotcom-Blase von 2000. Kurz davor, Ende der 1990er-Jahre, investierten plötzlich ganz normale Menschen an der Börse. Setzten einfach mal ein paar Tausend Mark auf Aktien, deren Namen gut klangen.

Zum Beispiel auf Infineon. Das war damals ein Unternehmen, das neu gegründet worden war. Heute würde man Infineon als Startup von Siemens bezeichnen. Siemens, so wusste man damals, musste damit zu tun haben, und es ging um Halbleiter. Die wenigsten Menschen, die in deren Aktien investierten, wussten, was Halbleiter sind. Nicht einmal Halbwissen hatten sie über diese Halbleiter. Doch Halbleiter, das klang nach Zukunft. Da lohnte es sich, sein Vermögen zu investieren. Und Siemens, das klang nach Vertrauen. Also setzten die Menschen wie wild ihr Geld auf diese und viele andere ähnlich verlockend klingende Unternehmen.

Auch die Deutsche Telekom ging in dieser Zeit an die Börse. Die Telekom war damals natürlich kein Startup, sondern viel weiter, so etwas wie heute ein Google oder Facebook. Es war riesig und klang nach Zukunft. Klar, das Internet war neu, das Mobiltelefon war neu, da musste der Verstand ebenfalls neu sortiert werden. Es war aber auch keine leichte Zeit für Menschen mit gesundem Menschenverstand. Deren Nachbarn vermeldeten nämlich regelmäßig, um wie viel Prozent sich ihre Aktien wieder vermehrt hätten. Auch Geschwister, Kollegen, sonstige Bekanntschaften waren unglaublich cool und verstanden es, auf die richtigen Aktien zu setzen. Es war eine wundersame Vermehrung aus dem Nichts, märchenhaft. Manche waren sich sogar sicher, sie würden bald nie mehr arbeiten, da ihr Geld für sie arbeiten würde – das behaupteten studierte Menschen ernsthaft.

Am 7. März 2000 war der Höhepunkt erreicht – nur wusste das damals niemand. Der deutsche Aktienindex Dax war zeitweise auf 8136 Punkte gestiegen. Wenige Tage später, am 13. März, fand der Börsengang von Infineon statt. Das Volk kochte, alle wollten von den sagenhaften Gewinnen und Kurssprüngen profitieren – und niemand wollte sehen, dass die Aktien längst den Höhepunkt erreicht hatten. Es wurden am ersten Handelstag so viele Infineon-Aktien geordert, dass die Systeme der Frankfurter Wertpapierbörse zusammenbrachen. Und dann ging alles abwärts, ganz schnell: Erfahrene Börsianer zogen zuerst ihr Kapital aus der Blase, kamen also noch relativ gut davon. Ihnen bezahlte das gemeine Volk die Zeche. Kleinanleger gerieten in Panik, verkauften ihr wertloses Zeug um jeden Preis. Der Kursverfall endete in einem Kurssturz. Doch viele Kleinanleger klammerten sich an eine Hoffnung, die zuletzt starb.

Viele dieser Gespräche von damals erinnern an die Investitionen in Startups. In gepflegten Kreisen diskutiert man gerne vor der Oper, welche Startups einem Freude bereiten und dass man seine Investition erhöhen werde. In etlichen Managerrunden wird um die Wette gelogen, in wie viele Startups man investiert habe. Und der vermeintliche Erfolg des anderen wird zum ungezügelten, oft unkontrollierten Ansporn einer neuen Investition, in was auch immer.

Wo Gier regiert, erblüht ein jedes Startup. So wie es auch das Startup Theranos mit seiner Bluttest-Vision zu Milliarden-Investitionen gebracht hatte.

Der Realitätscheck

Selbst zum Löwen werden und in Startups investieren, preist das Startup Seedmatch auf seiner Homepage an und versucht, Kleinanleger zu ködern: »Bei Seedmatch können Sie ab 250 Euro in die spannendsten Startups investieren und Ihr eigenes Investment-Portfolio aufbauen.« Na, klingt doch vielversprechend. Wie man am wirtschaftlichen Erfolg des Unternehmens beteiligt wird, erfährt man, und dass dabei »überdurchschnittlich hohe Renditen möglich« seien, wenn die Geschäftsidee Erfolg habe. Immerhin warnt Seedmatch: »Ein hohes Renditepotenzial geht immer mit einem entsprechenden Risiko einher.« Investments in dieser Anlagekategorie seien dadurch sehr riskant und würden auch als Wagniskapital beziehungsweise Venture-Capital bezeichnet. »Sie sollten nur Gelder investieren, deren Verlust Sie sich leisten können«, heißt es offen bei Seedmatch.

Noch kleineren Geldbeuteln öffnet sich das Startup Companisto, das sich ebenfalls auf Investments in Startups spezialisiert hat. Die Mindestinvestitionssumme liegt hier bei 100 Euro – ohne

Transaktions- oder Benutzerkontogebühren. Was für eine Verlockung für jeden Bürger! Hier werden Investments »in schnell wachsende Startups gegen Gewinnbeteiligung« angepriesen mit dem Ziel, das Investment in fünf bis acht Jahren zu vervielfachen. Als einer von vielen Punkten heißt es »riskante, aber lukrative Langzeitinvestments«. Arg viel mehr findet sich auf die Schnelle zum Thema Risiko nicht auf der Startseite. Dafür wiederholen sich Begriffe wie »Erfolg«, »vielversprechende Startups«, »vervielfältigen« und »Gewinne«. Unter »Häufige Fragen« wird genauer auf das Risiko eingegangen. Es wird gesagt, dass die Möglichkeit besteht, seinen Investitionsbetrag zu verlieren. Daher solle man beispielsweise nur 10 Prozent seines Vermögens investieren und, ebenso wichtig, die Investition auf mindestens drei Startups aufteilen. Klar, das leuchtet ein, in je mehr Startups man investiert, desto größer ist die Chance, dass all die in diesem Buch zitierten Statistiken greifen und eines von zehn Startups anfangs überlebt.

Natürlich gibt es endlos Beispiele von Startups, in die sich das Investment gelohnt hat. Das ist so, wie es die hundertjährige Oma gab, die Kettenraucherin war. Zalando und Rocket Internet gehören zu den bekanntesten Startups, die es erfolgversprechend auf das Parkett geschafft haben. Und die 2012 gegründete German Startups Group, eine Beteiligungsgesellschaft für deutsche Startups, hat Firmen wie Mister Spex, Delivery Hero und Soundcloud finanziell begleitet und erzielte eine jährliche Bruttorendite von 30,5 Prozent mit einem Überschuss von 1,4 Millionen Euro kurz vor ihrem Börsengang 2015, so der *Tagesspiegel* am 16. Juli 2015.

Wer in Startups investiert, hört von Experten vor allem drei Worte: Risiko, Risiko und Risiko. Wenn man Aktien junger Firmen kaufe, etwa von Startups, sei das Risiko grundsätzlich größer als bei etablierten Konzernen, sagt etwa Jürgen Kurz von der Deutschen Schutzvereinigung für Wertpapierbesitz. Verbraucherschützer raten allerorts dringend, höchstens Spielgeld zu investieren, also Geld, auf das man verzichten kann. Zum Schluss noch ein paar Beispiele:

- ↑ **Rocket Internet** hatte seinen Börsengang im Oktober 2014: Für 42,50 Euro waren die Papiere ausgegeben worden. Das Hoch folgte mit 56,67 Euro am 28. November 2014, das Tief lag bei 15,82 Euro am 13. April 2017. Bei 20 bis 30 Euro pendelte das Papier im Jahr 2018.
- ↑ **Zalando** legte mit knapp 20 Euro im Oktober 2014 los und steigerte sich unaufgeregt kontinuierlich binnen vier Jahren auf fast 50 Euro, um kurz vor Ende 2018 auf gut 30 Euro abzusacken. Das entspricht immer noch einer Steigerung von rund 50 Prozent im Gesamtzeitraum, also eine lohnende Sache.
- ↑ **German Startups Group,** im November 2015 mit 2,80 Euro an die Börse gegangen, dann auf 3,40 Euro hochgegangen, verlor seither bis Ende 2018 fast 50 Prozent seines Werts, auf rund 1,40 Euro.

Sämtliche Kursverläufe ohne Gewähr, sie sollen lediglich unterschiedliche Entwicklungen von Investments aufzeigen. Und die drei genannten Beispiele gehören zu den renommierten Startups, sind also eher als positive Beispiele zu betrachten. Wer statt in die German Startups Group in Volkswagen investiert hätte, hätte trotz des Dieselskandals deutlich weniger verloren.

Vielleicht ein Punkt noch: Startups scheitern meist, bevor sie überhaupt scheitern können, also vor ihrer Gründung. Gut 99 Prozent aller Startups bekommen erst gar kein Investment. So behauptet der Venture-Capital-Analyst David Stuck von bmp Ventures aus Berlin, dass von tausend Startups, die sich jährlich um Gelder bemühten, gerade mal eines finanziert würde. 99,9 Prozent bleiben demnach auf der Strecke oder müssen woanders nach Geldern graben.

Die Wahrheit: Es ist nicht alles Lüge

Auch wenn es allen Grund zur Kritik an der häufig fahrlässigen Denkweise von Startups gibt, so muss ich auch zugeben, dass etliche Startups positive, mitunter weltverändernde, neue Impulse bringen. Wie wunderbar leicht ist heute beispielsweise die Kommunikation rund um den Globus möglich, wie einfach ist es heute, international Kontakte zu halten, Freundschaften zu pflegen, Geschäfte zu machen.

Welt verändern, Disruption, Geschäfte machen, all dies verdeutlicht die Geschichte von American Express, dem heutigen Kreditkartengiganten aus den USA. Gegründet wurde er im Jahr 1850, um Post zustellen zu können. Zu der Zeit der Westexpansion kam die staatliche Postzustellung nicht hinterher: Sie war in vielen Gebieten schlicht nicht vorhanden oder zu kostspielig. Und so kam die klassische Postkutsche der American Express Company für Korrespondenz, Pakete, Fracht oder Gold ins Spiel. Das Unternehmen bot anfangs noch nicht einmal Geldtransporte und schon gar keine Finanzdienstleistungen an.

Bald aber erlebte American Express, wie man heute sagen würde, seine erste Disruption. Das Transportieren von Aktienzertifikaten, Währungen und anderen Bankgütern war schlicht rentabler als der Transport von größerer Fracht. Banken gehörten zu den wichtigsten Kunden. Schnell bot das Unternehmen Postanweisungen an als direkter Konkurrent der US-Post. 1890 kam

Amex mit Reiseschecks auf den Markt. Dem Unternehmen gelang es bis heute kontinuierlich, sich auf die neuen Marktgegebenheiten einzustellen, rechtzeitig die Zeiten zu erkennen und zu nutzen. In den vergangenen Jahren zählte American Express immer wieder zu den zwanzig wertvollsten Marken der Welt.

Startups ermöglichen heute noch leichteren Geldtransfer, denkt man nur an Paypal oder an das chinesische Wechat, das neben Funktionalitäten, die Facebook oder WhatsApp bieten, auch Bankgeschäfte ermöglicht. Blockchain erlaubt die nächsten großen Schritte, etwa internationalen Zahlungsverkehr zu vereinfachen und zu beschleunigen. Auch hier sind heute schon Startups die Triebkräfte. Klassische Banken sind es hingegen weniger, fürchten sie sich doch vor der neuen Technik, die potenziell disruptive Wettbewerber entstehen lässt.

Die digitale Transformation öffnet endlos Türen, die in völlig neue Welten führen können. Die Kommunikation habe ich schon angesprochen, mit all den Möglichkeiten der Sprach- und Videonachrichten, der Clouds, die als Archive nutzbar sind und den Zugriff auf das ganze private oder berufliche Leben ermöglichen. Aber auch Sharing-Angebote wären ohne Startups und ihre disruptive Denkweise, ihr, im positiven Sinn, hemmungsloses Vorgehen nicht vorstellbar – ganz gleich, ob es beim Teilen um Mobilität geht, Autos, Fahrräder, Mofas, um Reisewege, Taxis oder um Immobilität, Häuser, Zimmer, Unterkünfte. Was für ein Segen.

Durch den Erfolg der einstigen Startups wie Facebook, Snapchat, Airbnb oder Uber, wo es um Milliarden von Euro an Gewinnen und etlichen anfänglichen Verlusten geht, um Milliarden von Euro, die hier gewonnen oder auch mal verloren werden, entstehen Legenden. Gerüchte. Scheinwahrheiten. Projizierte Fantasien, die freigesetzt werden.

Das erinnert an diese Legende, die sich bis heute hält, über die Entwicklung des Space-Pens. Nach dieser modernen Sage habe die NASA einen Weltraumstift für eine Million Dollar entwickeln lassen, andere Quellen sprechen gar von 12 Millionen. Der Pen soll aufwendig entwickelte Hightech gewesen sein, mit endlosen Tests, er galt als kälteresistent und hitzebeständig, soll in der Schwerelosigkeit zu verwenden sein und so weiter und so fort. Dagegen hätten die Russen, so die Legende weiter, schlicht einen Bleistift eingesetzt, der all diese Anforderungen erfüllte. Das *Handelsblatt* setzte diese erfundene Episode im Jahr 2006 noch als Werbespot ein mit dem Claim »Substanz entscheidet«.

Doch das, was der Spot freilich augenzwinkernd aufgriff, ist in Wirklichkeit nie passiert. Selbst die NASA verwendete auf ihren ersten Missionen Bleistifte. Für die ersten 34 Bleistifte zahlte die NASA 4382,50 Dollar, also 128,89 Dollar pro Stück, was freilich zu Kritik führte. Noch 1965, im gleichen Jahr, als die NASA die überteuerten Bleistifte orderte, bekam sie den legendären Fisher Space Pen angeboten, für 6 Dollar pro Stück. Nach zwei Jahren Bedenkzeit ging die NASA auf diesen Deal ein.

Ähnlich könnte es Tesla ergehen, dem E-Auto-Bauer, der auch in Deutschland noch als innovativste Marke gilt, laut einer Studie von Sasserath Munzinger Plus im Jahr 2018: 10 Prozent aller Deutschen halten Tesla für die innovativste Marke. Zum Vergleich: Lediglich 2 Prozent halten BMW für innovativ – die in dieser Studie am stärksten vertretene deutsche Automarke. Tesla wird aber in Nullkommanichts eine komplett normale Automarke sein, wenn sie überhaupt überleben wird.

Es sind immer mehr Konkurrenten, die sich rund um Tesla scharen. Noch wird Tesla immer als das Beispiel genannt, das jeder sein will – jeder Schraubenhersteller, jeder Klebestiftproduzent, jeder Unternehmer. »Ich will Tesla sein!«, erklingt als Wunschhymne im deutschen Unternehmertum. Das ist völlig unnötig und unsinnig – besonders in dem Land, in dem sich die Ingenieurskunst auf so einem hohen Niveau bewegt. In dem Land, das einen positiven Handelsüberschuss erzeugen kann, weil die Qualität der Produkte stimmt. Neidlos kann man Tesla als innovativen Vorreiter respektieren, doch muss man auch hier schlicht auf dem Boden der Neutralität bei der Bewertung bleiben.

Startups sind anfangs immer der David, der die Goliaths angreift. Das bringt ihnen Sympathien. David Tesla hat BMW, Mercedes und Audi die lange Nase gezeigt. Solche Geschichten lieben wir alle. Wenn ein Tesla allerdings erwachsen wird, kommt das Erwachen. Dann geht es darum, sich zu behaupten – denn plötzlich ist man selbst der Goliath.

So geht es Apple. Die Marke von Steve Jobs war anfangs auch so ein Wohnzimmer-Startup, zumindest gefühlt. Es war der David, der gegen Goliath Microsoft den Kampf aufnahm – ein Fall für Fans und Sympathisanten. Längst ist Apple der Riese. Und Giganten geraten auch mal ins Wanken, das liegt in der Natur der Sache. Je größer ein Unternehmen, desto mehr Angriffsfläche bietet es, schon rein physikalisch.

Startups haben ihre besonderen Stärken in der Flexibilität, in der Schnelligkeit, in den kurzen Entscheidungswegen. Das sind alles positive Dinge, die klassische Unternehmen aufgreifen sollten. Denn Dinos sind oft träge – bis sie vom Aussterben bedroht sind.

Wie die positive Energie von Startups gefördert und von klassischen Unternehmen genutzt werden kann, zeigt beispielsweise Rewe. Der Kölner Lebensmittelhändler rief im Jahr 2018 erstmals einen Startup-Wettbewerb aus. Damit positionierte sich Rewe nicht nur positiv und innovativ, als »Pionier im Online-Handel mit frischen Lebensmitteln«, wie das Unternehmen selbst sagt, sondern profitiert auch noch von den Ideen der Startups. Denn Rewe möchte deren Innovationen aus dem Bereich Lebensmittel aufgreifen und »mit diesem Award vielen innovativen Unternehmen, die den Sprung in die Regale des Handels noch nicht geschafft haben, eine Chance bieten«, heißt es bei Rewe. Davon profitieren letztlich alle Seiten: die Innovationstreiber, das altehrwürdige Handelsunternehmen, sogar die Käufer, da sie neueste Produktideen vorfinden.

Solche Programme treiben die Innovationen in Handel und Wirtschaft voran. In den USA sind sie schon seit Jahren gang und gäbe. Der internationale Konzern Mondelēz mit Marken wie Oreo, Milka oder Mikado betreibt das Unternehmensprogramm »Shopper Futures«. Hier werden mit Startups neue Ideen und Lösungen gesucht, die das Einkaufserlebnis am virtuellen wie physischen Point of Sale revolutionieren sollen, heißt es offiziell beim Konzern. Das US-Unternehmen lädt nach einem vierwöchigen Bewerbungsprozess am Ende fünfzehn Startups zu einem Pitch-Day. Fünf Bewerber können dann drei Monate lang mit Mondelēz-Teams und Handelspartnern ihre Ideen testen. 30 000 Euro Projektzuschuss gibt es obendrein – für ein Startup viel Geld, für einen Konzern wie Mondelēz sind das Peanuts.

So kann Startup funktionieren: Neue Welt trifft alte Welt – und verändert sie.

Ein anderes, ebenfalls sehr positives Beispiel, wie Startups eine Chance gegeben wird, sich am Markt durchzusetzen: Das Kölner Institut Rheingold schrieb im Jahr 2018 ebenfalls zum ersten Mal einen Wettbewerb aus, an dem sich Startups bewerben durften, die jünger als vier Jahre sind und deren Jahresumsatz weniger als 2 Millionen Euro beträgt. Mit diesem Wettbewerb will das Forschungsinstitut junge Unternehmen unterstützen und ihnen helfen, das Potenzial ihrer Ideen optimal auszuschöpfen, heißt es bei Rheingold. Was hier gewonnen werden kann, ist besonders wertvoll, weil es etwas ist, das die meisten Startups vernachlässigen: Forschung. Rheingold ermöglicht dem Pitch-Gewinner eine Marktstudie im Wert von 30 000 Euro.

Dass ein Marktforschungsinstitut solch einen Startup-Pitch fördert, erscheint zunächst einmal ungewöhnlich, ist jedoch ein äußerst positiver Vorstoß. Denn hier geht es weniger um irgendwelche Gelder, die von Startups eingeheimst werden, um dann verprasst zu werden, sondern um eine solide Marktanalyse. Mit solchen Investitionen können Startups mit ihren Ideen ernst genommen werden.

Startup-Pitches gibt es zuhauf. Vor allem Investoren, Banken, Consulter veranstalten gerne diese Art von Wettbewerben und wollen jungen Gründern eine Chance geben. Zuweilen beteiligen sich an solchen Wettbewerben auch Ministerien. Baden-Württemberg etwa schreibt den »Start-up BW Elevator Pitch« aus. Organisiert wird dieser vom Wirtschaftsministerium Baden-Württemberg, die L-Bank finanziert die Preisgelder. So richtig seriös wirkt dieser Wettbewerb allerdings nicht: Es muss kein Businessplan vorgelegt werden, binnen drei Minuten – wie auf einer Aufzugfahrt – muss die Jury überzeugt werden, ohne jegliche Hilfsmittel. Kann man so machen, wirkt unternehmerisch gesehen allerdings zu cool, zu spielerisch, zu sehr nach Spieltisch, auf den man seine Chips setzt. Klar, von solch einem Startup-Image will jeder profitieren. Jede Bank, jedes Land, jedes dröge Ministerium.

Elevator-Pitches waren mal eine hippe Idee, sind aber längst überholt. Seit mehr als einem Jahrzehnt werden Accelerator-Pitches öffentlich durchgeführt, etwa auf der texanischen Tech-Party SXSW in Austin. »Accelerator« heißt wörtlich Beschleuniger. Accelerators haben sich auf Startups spezialisiert und sind Institutionen, die durch intensives Coaching Startups innerhalb einer kurzen Zeit unterstützen, um den Entwicklungsprozess stark beschleunigen und damit vorantreiben zu können, ähnlich wie Inkubatoren also.

Doch es reicht nicht, sich Startup einfach auf die Fahnen zu schreiben. Es reicht nicht, einfach ein Kreativzimmer einzurichten und sich von jungen Menschen in wilden Runden Konzepte machen zu lassen – die am Ende doch weggeschmissen werden. Ja, alte Unternehmen müssen sich jungen Köpfen öffnen, ihnen Spielraum gewähren. Ihnen aber auch die Ernsthaftigkeit des Geschäftslebens zeigen, um mit ihnen gemeinsam die Zukunft zu gestalten.

Die Chancen, die Startups bieten, sollte man nutzen. Dabei dürfen weder Krawatte noch Sneakers eine Rolle spielen. Soll sich jede/r so kleiden, wie er will. Um Oberflächen darf es nicht gehen, sondern allein um die Tiefe einer Idee. Und zu oft orientieren sich Unternehmen wie Startups vor allem an ihren Mitbewerbern – aber auch darum darf es nicht gehen.

Amazon-Gründer Jeff Bezos erzählte im Gespräch mit Axel-Springer-Vorstand Mathias Döpfner, dass »das Großartige am Menschen im Allgemeinen ist, dass wir die Dinge ständig verbessern«. Weiter fuhr er fort: »Wenn etwa Unternehmer und Erfinder ihrer Neugierde und ihren Leidenschaften folgen und sie etwas herausfinden«, auch, wie man etwas umsetzen könne, dann müsse man sich genau dieses zunutze machen. Aus Bezos' Sicht müsse man sich diese Energie in erster Linie mit Blick auf seine Kunden zunutze machen anstatt mit Blick auf seine Konkurrenz. »Manchmal sehe ich bei Unternehmen – selbst bei kleinen Start-up-Unternehmen oder jungen Unternehmern –, dass sie anfangen, mehr auf ihre Konkurrenz zu achten als auf ihre Kunden.« Und daraus folgert Jeff Bezos: Diese Unternehmen »lassen andere die Pioniere sein, lassen andere unbeschrittene, riskante Wege gehen«. Das berichtete die *Welt am Sonntag* am 29. April 2018.

Das ist schlecht, doch leider gehen die meisten Unternehmen genau so vor. Dabei sollte jedes Unternehmen regelmäßig den frischen, unverbrauchten Geist von Startups einziehen lassen. Sollte Dinge ausprobieren, eben weil sie noch keiner der Wettbewerber so gemacht hat. Wie oft hört man in den Chefetagen, dass man dies oder jenes nicht so machen könne, weil es auch kein anderer so mache.

Eben nicht! Zu den schlimmsten Sätzen altehrwürdiger Firmen gehört: »Das haben wir schon immer so gemacht!« Oder: »Ich möchte, dass alles so bleibt, wie es ist!« Das sind auf Dauer Todesurteile für jedes Unternehmen. Was Startups in der Regel auszeichnet: Deren Macher sind angstfrei. Deren Macher sind von ihrer Idee überzeugt. Deren Macher wollen vor allem eines: machen!

Davon können Manager viel lernen. So sollten sich Manager in regelmäßigem Abstand die Frage gefallen lassen: Wenn ich das Unternehmen heute gründen würde, würde ich es genau so aufstellen? Hierbei hilft der Gedanke, sich eine grüne Wiese vorzustellen, sich zu überlegen, welche Unternehmensbereiche mit welchen Menschen in welcher Stärke aufgestellt werden sollen. Diese Gedankenspiele sollte aber nicht die Managerriege machen, die seit 25 Jahren regiert, sondern eine Mischung aus jungen Mitarbeitern, firmenfremden Menschen und alteingesessenen. Nur so können Abläufe und Strukturen infrage gestellt werden, nur so kann neu in die Zukunft geblickt werden.

Für solche Prozesse können Startups wertvolle Anregungen geben. Ein Satz wie »Das haben wir noch nie so gemacht« zeugt von einem Nachvorneschauen. Leben ist ein Verändern, ein kontinuierlicher Erneuerungsprozess. Darin steckt jede Menge Start-up-Denken.

Nicht aber in der Gier, wie Startups von Investoren oft gesehen werden. Nicht aber in der Ausbeutung, wie sie oft in Startups passiert. Nicht im Me-too, nicht in der Planlosigkeit, den leeren Versprechungen, dem schnellen Abkassieren, dem sinnfreien Dabeiseinwollen.

Das Dabeisein kann ja durchaus sinnvoll sein – äußerst sinnvoll sogar und zukunftssichernd. 64 Prozent der Mittelständler haben das erkannt, und trotzdem handeln sie nicht. Laut der Studie *Mittelstand meets Startup*, die das RKW Kompetenzzentrum 2018 durchgeführt hat, ist für die besagten 64 Prozent der Mittelständler die Erschließung neuer Technologien das Topargument für eine Zusammenarbeit mit Startups. »Oft sehen sie die jungen Gründerteams als Innovationsmotor und nutzen das Know-how für den Einstieg in neue Märkte«, so die Studie.

Das klingt gut, und das wäre gut. Und hätte, hätte, Fahrradkette. Denn, so die Studie weiter, nur 27 Prozent der Mittelständler bemühten sich proaktiv darum, Gründerteams überhaupt einmal kennenzulernen. Der Rest, fast drei viertel aller mittelständischen Unternehmen, überlasse es dem Zufall, die zukunftsweisenden Kontakte zu Startups zu knüpfen.

Viele Unternehmen wollen sich meist nur schnell mal einen modischen Startup-Hut aufsetzen, haben aber keinen Schimmer von der Startup-Mentalität. Unternehmen schwören auf Zeugnisse, wenn es um die Einstellung neuer Mitarbeiter geht, statt auf die Neigungen der Menschen zu achten, auf deren Hintergründe, deren Vorlieben, deren Sein. Denn am Ende hängt jedes Unternehmen von den Menschen ab: von der Leidenschaft dieser Menschen, von der Vielzahl unterschiedlichster Temperamente, die entsprechend eingesetzt werden. Zeugnisse sagen nur bedingt etwas über Menschen – Stärken und Schwächen einer jeden einzelnen Person muss man erkennen. Interessen müssen gefördert werden, Ideen muss Freiraum gewährt werden. Dann wird jedes Unternehmen zum Startup. Wenn es keine Gräben mehr zwischen Alt und Jung gibt, zwischen Mann und Frau und zwischen Menschen mit unterschiedlichen religiösen, ethnischen oder sonstigen Hintergründen.

Wie oft stehen sich Unternehmen selbst im Weg, weil sie von Managern beherrscht werden, die ihre Privatpolitik machen, statt sich um das Wohl der Firma zu kümmern. Die sich lediglich ihre eigene Position sichern, um kurzzeitig zu überleben, während das Unternehmen langfristig erkrankt.

Wenn Startups nicht zur Selbstlüge mutieren, dann liegt in ihnen eine enorme Chance. In der Investition in Startups ebenso wie im Startup-Denken, das viel mehr in jedes Unternehmen einziehen sollte.

Axel Koch

Change mich am Arsch

Wie Unternehmen ihre Mitarbeiter und sich selbst kaputtverändern

Klappenbroschur
Auch als E-Book erhältlich.
www.econ.de

Change hat viele Gesichter – die von freigestellten Leistungsträgern, verramschten Fachkräften, frustrierten und orientierungslosen Mitarbeitern. Dieses Buch gibt den Opfern des Change-Wahns eine Stimme. Doch nicht nur für die Mitarbeiter sind Restrukturierungen, Outsourcing und New-Work-Fantasien oft der blanke Horror. Durch die unrealistische Erwartungshaltung der Führungsetagen entsteht auch ein gewaltiger wirtschaftlicher Schaden. Über jeder Change-Maßnahme schwebt drohend die Frage, wie lange Menschen und Unternehmen die Überdosis an Change noch aushalten.

Econ